绿色建筑研习社
Green Building Academy

超低能耗建筑产业实践

策 划　北京创辉图远教育科技有限公司

主 编　赵越　姚尧

U0312678

四川科学技术出版社

图书在版编目（CIP）数据

超低能耗建筑产业实践 / 赵越 , 姚尧主编 . -- 成都：
四川科学技术出版社 , 2025. 1. -- ISBN 978-7-5727
-1273-9

Ⅰ . TU-023

中国国家版本馆 CIP 数据核字第 2025L01D94 号

超低能耗建筑产业实践

CHAODI NENGHAO JIANZHU CHANYE SHIJIAN

策　划　北京创辉图远教育科技有限公司
主　编　赵　越　　姚　尧

出 品 人　程佳月
责任编辑　李　珉　王　娇
助理编辑　董望旺
营销编辑　刘　成
责任出版　欧晓春
出版发行　四川科学技术出版社
　　　　　成都市锦江区三色路 238 号　　邮政编码：610023
　　　　　官方微博：http://weibo.com/sckjcbs
　　　　　官方微信公众号：sckjcbs
　　　　　传真：028-86361756
成品尺寸　210 mm×285 mm
印　　张　10
字　　数　200 千
照　　排　成都木之雨文化传播有限公司
印　　刷　四川华龙印务有限公司
版　　次　2025 年 1 月第 1 版
印　　次　2025 年 1 月第 1 次印刷
定　　价　68.00 元
ISBN 978-7-5727-1273-9

邮　　购：成都市锦江区三色路 238 号新华之星 A 座 25 楼　　邮政编码：610023
电　　话：028-86361770

策划单位 ◈

　　北京创辉图远教育科技有限公司，位于北京市东城区雍和大厦，是为建筑行业提供方案策划执行、技术培训咨询、产品推广服务的专业培训机构。公司目前已举办40期德国被动房研究所（PHI）被动房设计师认证培训，数千名学员通过学习获得了PHI认证；定期举办中国被动房设计师交流大会，参会人数近万人；用户10万余人。公司主办的官网"被动房之家"（www.gba.org.cn）致力于为我国被动式超低能耗绿色建筑提供相关技术服务，是国内领先的有关超低能耗建筑技术、资讯、政策、项目等内容的线上平台。截至2024年5月，公司官网"被动房之家"总浏览量已超200万人次。

　　公司旗下有绿圈、欧美绿色建筑、绿色建筑研习社、九五绿建堂、绿建社5个微信公众号，拥有近10万超低能耗建筑行业忠实拥趸。

绿色建筑研习社
微信号：GreenBuildingAcademy

欧美绿色建筑
微信号：omlsjz

九五绿建堂
微信号：jwljt95

绿圈
微信号：greenlap

100 000 会员

绿建社
微信号：bjmayu

5个微信公众号

　　作为国内领先的PHI技术培训平台，2016—2024年，共举办40期PHI被动房设计师、咨询师认证培训班，数千位专业人士通过考试获得认证。

PHI被动房设计师培训现场

行业会议 ◇◆

公司每年举办中国被动房设计师大会与"激辩被动房"项目交流会。截至2024年5月，共举办22届，参会人员近万人。

中国被动房设计师大会现场

"激辩被动房"项目交流会现场

《超低能耗建筑产业实践》编委会

主 编

赵 越 姚 尧

副主编

康一亭

编 委（排名不分先后）

董小海　张冰红　陆代胜　刘　微　郭龙飞　张凌云　王啸宇

吴成波　董京勇　张再建　桂衍林　赵本军　章海岩　刘小兵

葛瑞海　袁耀明　杨　靖　强　海　邓四九　王　镭　李　进

钟益龙　王　翠　李　翔　卢良芬　秦　虬　姚月兰　冯国辉

于洪利　褚兆云　白军林　黄善忠　左　群　赵　翠　马红改

钮永成　郭秀清　周　懿　丁　辉　周冯倩赟

参编单位

北京睿特云网科技有限公司

上海璞玉门业有限公司

毅结特紧固件系统（太仓）有限公司

浙江德普莱太环境科技股份有限公司

山东亿安铝业有限公司

音博仕（广东）声学技术有限公司

江阴海达橡塑股份有限公司

上海谷饮环境技术有限公司

东营一恒新型建材有限公司

大连市建筑工程质量检测中心有限公司

上海赛扬建筑科技有限公司

海瑞高昕科技发展（成都）有限公司

上海德重新材料技术股份有限公司

青岛广璃新材料科技发展有限公司

泰诺风泰居安（苏州）隔热材料有限公司

沪誉建筑科技（上海）有限公司

天津市美德宝科技有限公司

万华化学（烟台）销售有限公司

温州市博邦门业有限公司

炎图防火科技（浙江）有限公司

新疆润宏图工程技术咨询有限责任公司

山东华建铝业集团有限公司

济南融华新材料技术有限公司

艾茵德环境科技（北京）有限公司

浙江凯华门业有限公司

北京市腾美骐科技发展有限公司

　　进入21世纪以来，世界各国为应对气候变化和极端天气，实现可持续发展，都在积极制订使建筑实现更低能耗的中长期政策和发展目标，并制订了适合本国特点的技术标准、建立了技术体系，降低建筑能耗已经成为全球建筑行业的发展趋势。

　　我国自20世纪80年代起就开始探索建筑节能路径，经过40多年的积累，形成了比较系统的建筑节能技术体系和标准体系。超低能耗建筑在充分考虑本地条件的基础上，结合自然资源最大限度提效节能，同时优化建筑装备，最大幅度降低建筑供暖、空调、照明的能耗，实现能源的高效利用。

　　"十三五"期间，我国完成近零能耗建筑领域国家标准GB/T 51350—2019《近零能耗建筑技术标准》，填补了引领性节能标准的空白，提出了2025年、2030年和2050年三个发展方向；研发了外墙、门窗、新风一体机等性能指标达到国际先进水平的核心产品；完成"十三五"科技示范区80万m²，研究成果规模化应用1 000万m²，引领建筑节能产业高质量发展。随着项目研究和示范工作不断推进，各省、市、区对超低能耗、近零能耗建筑的鼓励政策也不断出台，20个省、市、区累计出台80项激励政策，直接补贴累计15亿元，相关政策鼓励不断出台，技术标准、体系持续完善，我国超低能耗建筑得到较快推广，建成了具有代表意义的多个示范项目。

　　2020年，我国建筑运行阶段碳排放量超过20亿吨，占全社会总碳排放量的22%。我国建筑领域碳排放受到建筑面积不断增加和人民生活水平快速提高的双重推动，其建筑碳排放量占社会总碳排放量的30%以上，中国建筑能耗和碳排放量持续上升。

　　2020年9月22日，习近平总书记在第七十五届联合国大会上发表重要讲话，中国二氧化碳排放力争于2030年前达到峰值，努力争取2060年前实现碳中和。2021年3月13日，《中华人民共和国国民经济和社会发展第十四个五年规划和2035年远景目标纲要》发布，提出加快能耗限额。2021年9月22日，《中共中央　国务院关于完整准确全面贯彻新发展理念做好碳达峰碳中和工作的意见》明确指出，持续提高新建建筑节能标准，加快推

01 政策篇

02 二、项目篇

03　三、材料篇

1 门窗类

01 政策篇

国家部委办

国家发展改革委等部门印发《绿色低碳转型产业指导目录（2024年版）》（发改环资〔2024〕165号），内容包括超低能耗、近零能耗、零能耗、低碳、零碳建筑等能耗和碳排放水平很低的建筑的设计、建造和运行。超低能耗、近零能耗、零能耗建筑需符合GB/T 51350—2019《近零能耗建筑技术标准》等国家、地方、行业相关标准规范要求；低碳、零碳建筑需符合国家、地方、行业相关标准规范要求并依据GB/T 51366—2019《建筑碳排放计算标准》计算碳排放量。需采用节约能源资源、减少污染排放、保障建筑品质的绿色施工方式，符合《绿色建造技术导则（试行）》（建办质〔2021〕9号）、GB/T 50905—2014《建筑工程绿色施工规范》等有关法规政策和国家、地方、行业相关标准规范要求。

住房和城乡建设部（后文简称：住建部）印发《"十四五"建筑节能与绿色建筑发展规划》（建标〔2022〕24号）：到2025年，完成既有建筑节能改造面积3.5亿m²以上，建设超低能耗、近零能耗建筑5000万 m²以上。

国务院办公厅转发国家发展改革委、住房和城乡建设部《加快推动建筑领域节能降碳工作方案》：到2025年，新建超低能耗、近零能耗建筑面积比2023年增长2 000万 m²以上，到2027年，超低能耗建筑实现规模化发展。大力推广超低能耗建筑，鼓励政府投资的公益性建筑按超低能耗建筑标准建设，京津冀、长三角等有条件的地区要加快推动超低能耗建筑规模化发展。

北京市

北京市人民政府办公厅印发《北京市深入打好污染防治攻坚战2022年行动计划》（京政办发〔2022〕6号），要求加快制修订公共建筑节能设计标准、超低能耗公共建筑设计标准。落实建筑节能减碳工作方案，新建政府投资建筑按照超低能耗建筑标准建设。力争累计推广超低能耗建筑150万m²、完成750万m²非节能公共建筑节能绿色改造。

北京市人民政府印发《北京市碳达峰实施方案》（京政发〔2022〕31号）：积极推广超低能耗建筑，到2025年，力争累计推广超低能耗建筑规模达到500万m²。

北京市住房和城乡建设委员会印发《北京市"十四五"时期住房和城乡建设科技发展规划》（京建发〔2022〕81号）：截至2020年底，全北京市通过专家评审的超低能耗项目32个，建筑面积53万m²，超额完成"十三五"民用建筑节能规划任务目标。

北京市住房和城乡建设委员会印发《北京市"十四五"时期建筑业发展规划》（京建发〔2022〕309号）：累计推广超低能耗建筑规模达到500万m²。

《北京市"十四五"时期应对气候变化和节能规划》（京环发〔2022〕16号）：积极推广绿色建筑，累计建设绿色建筑1.28亿m²，示范推广超低能耗建筑53万m²，稳步推进装配式建筑发展，新建装配式建筑面积累计超过5 400万m²。

北京市住房和城乡建设委员会、北京市财

政局印发《北京市建筑绿色发展奖励资金示范项目管理实施细则（试行）》（京建发〔2023〕191号）：包括符合DB11/T 1665—2019《超低能耗居住建筑设计标准》的城镇居住建筑，符合《北京市超低能耗示范项目技术导则》或北京市超低能耗公共建筑设计标准的城镇公共建筑，符合《北京市超低能耗建筑示范项目技术要点》（京建法〔2017〕11号附件1）的城镇既有建筑改造项目，符合《北京市超低能耗农宅示范项目技术导则》（京建发〔2018〕127号）或技术标准的超低能耗农宅，建筑面积应在1 000 m²以上且整栋实施，通过超低能耗建筑专项验收。按照实施建筑面积给予不超过200元/m²的市级奖励资金，单个示范项目最高奖励不超过600万元。

北京市碳达峰碳中和工作领导小组办公室印发《北京市民用建筑节能降碳工作方案暨"十四五"时期民用建筑绿色发展规划》（京双碳办〔2022〕9号）：在商品住宅建设中鼓励实施超低能耗建筑，在"三城一区"、临空经济区等重点地区和功能园区推动实施超低能耗建筑。到2025年，北京市累计推广超低能耗建筑规模力争达到500万m²。

北京经济技术开发区管理委员会印发《北京经济技术开发区促进绿色低碳高质量发展资金奖励办法》（京技管发〔2023〕31号）：对获得北京市超低能耗建筑市级奖励项目，按照所获市级奖励资金1：0.5的比例给予不超过100元/m²的区级配套奖励，单个项目奖励金额不超过500万元，该类项目为免申即享项目。

北京经济技术开发区管理委员会印发《关于发展绿色建筑和超低能耗建筑推动绿色城市建设的实施意见》（京技管发〔2023〕30号）：到2025年，新增超低能耗建筑项目建筑面积力争达到28万m²。

上海市

上海市人民政府印发《上海市碳达峰实施方案》（沪府发〔2022〕7号）：形成覆盖建筑全生命周期的超低能耗建筑技术和监管体系，"十四五"期间累计落实超低能耗建筑示范项目不少于800万m²。到2025年，五个新城、临港新片区、长三角生态绿色一体化发展示范区、崇明世界级生态岛等重点区域在开展规模化超低能耗建筑示范的基础上，全面执行超低能耗建筑标准。"十五五"期间，上海市新建居住建筑执行超低能耗建筑标准的比例达到50%，规模化推进新建公共建筑执行超低能耗建筑标准。到2030年，上海市新建民用建筑全面执行超低能耗建筑标准。

上海市人民政府办公厅印发《上海市资源节约和循环经济发展"十四五"规划》（沪府办发〔2022〕6号）：完善超低能耗建筑标准体系，推动超低能耗建筑示范项目不少于800万m²。

上海市住房和城乡建设管理委员会、上海市发展和改革委员会、上海市财政局印发《上海市建筑节能和绿色建筑示范项目专项扶持办法》（沪住建规范联〔2020〕2号）：建筑面积在0.2万m²以上，符合《上海市超低能耗建筑技术导则》的（沪建建材〔2019〕157号）超低能耗建筑示范项目，补贴300元/m²。

上海市住房和城乡建设管理委印发《关于推进本市超低能耗建筑发展的实施意见》（沪建建材联〔2020〕541号）：财政补贴——符合相关要求的超低能耗建筑示范项目补贴300元/m²；容

积率奖励——符合相关要求的超低能耗建筑项目外墙面积可不计入容积率，但其建筑面积最高不超过总计容建筑面积的3%。

上海市住房和城乡建设管理委员会印发《上海市绿色建筑"十四五"规划》（沪建建材〔2021〕694号）："十四五"期间累计落实超低能耗建筑示范项目不少于500万m²，五个新城各开展一项超低能耗建筑集中示范区建设。

上海市发展和改革委员会印发《上海市2022年碳达峰碳中和及节能减排重点工作安排》（沪发改环资〔2022〕69号）：推进超低能耗建筑规模化建设，落实超低能耗建筑不少于200万m²。

上海市住房和城乡建设管理委员会、上海市发展和改革委员会印发《上海市城乡建设领域碳达峰实施方案》（沪建建材联〔2022〕545号）：到2025年，城乡建设领域碳排放控制在合理区间，新建民用建筑全面执行能耗和碳排放限额设计标准，建筑能效在现行节能标准基础上提升30%，落实800万m²超低能耗建筑项目；到2030年，城乡建设领域碳排放达到峰值，实现对1.5亿m²公共建筑的碳排放实时监测分析，新建民用建筑全面执行超低能耗建筑标准，累计完成既有建筑节能改造8 000万m²。

上海市发展和改革委员会印发《上海市2023年碳达峰碳中和及节能减排重点工作安排》（沪发改环资〔2023〕40号）：年内落实超低能耗建筑不少于200万m²。

上海市住房和城乡建设管理委员会印发《上海市推动超低能耗建筑发展行动计划（2023—2025年）》（沪建建材〔2023〕508号）：通过三年的努力，建立较为完善的推进上海市超低能耗建筑的发展体系和技术路线，新增落实600万m²超低能耗建筑，实现新增超低能耗建筑

单位建筑面积年能耗和碳排放显著下降。"中心引领、新城发力、重点突出"的超低能耗建筑发展空间格局基本形成，技术研究和集成创新取得突破，超低能耗建筑发展的产业链体系取得突破，建造标准达到国内同类建筑领先水平，争取形成高品质建筑和建筑高质量发展的示范，建立可推广、可复制的经验做法。

上海市住房和城乡建设管理委员会印发《2024年各区和相关委托管理单位推进建筑领域绿色低碳发展工作任务分解目标》（沪建建材〔2024〕146号）：进一步推进超低能耗建筑规模化发展，各区和新片区管委会至少各落实1个超低能耗建筑项目。加强超低能耗建筑项目建设全过程的监督管理。积极开展超低能耗、零碳建筑创新示范。

上海市规划和自然资源局印发《嘉定、青浦、松江、奉贤、南汇新城绿色生态规划建设导则》（沪建建材联〔2023〕561号），其中：
《嘉定新城绿色生态规划建设导则》：新城范围内全面推广新建居住建筑执行超低能耗建筑标准，到2025年前，落实新建居住建筑超低能耗建筑面积比例在50%以上。到2025年前，每年落实1～2个超低能耗公建项目。到2025年，嘉定新城全面执行超低能耗建筑标准。

《青浦新城绿色生态规划建设导则》：逐步推进超低能耗建筑试点，每年落实1个超低能耗建筑，在中央商务区低碳示范区中规划超低能耗建筑集中示范区，总用地面积为17.74/hm²。到2025年，超低能耗建筑面积达到20万m²，到2035年，达到40万m²。

《松江新城绿色生态规划建设导则》：新城应规模化推进超低能耗公共建筑建设，到2025年，每年落实1～2个超低能耗公建项目。到2030年，松江新城新建民用建筑全面执行超低能耗建

筑标准。

《奉贤新城绿色生态规划建设导则》：积极推进超低能耗建筑试点项目建设，到2025年之前，超低能耗建筑示范项目不少于20万㎡，且至少建设一个超低能耗建筑集中示范区，2025年全面执行超低能耗建筑标准，新建民用建筑超低能耗建筑达到100%，推进零碳建筑示范项目落地。

《南汇新城绿色生态规划建设导则》：针对领先示范区74.82 km²的政府投资项目、大型公共建筑（单体建筑面积≥2万㎡）、其他民用建筑（除高能耗建筑外）均实施超低能耗标准，形成超低能耗建筑规模化示范标杆。

上海市嘉定区人民政府印发《嘉定区碳达峰实施方案》（嘉府发〔2022〕14号）："十四五"期间累计落实超低能耗建筑示范项目不少于40万㎡，其中嘉定新城累计落实超低能耗建筑示范项目不少于20万㎡，且至少建设一个超低能耗建筑集中示范区。到2025年嘉定新城全面执行超低能耗建筑标准。

上海市松江区人民政府印发《松江区绿色低碳发展专项资金管理办法》（沪松府规〔2022〕6号）：达到《上海市超低能耗建筑技术导则》相关技术要求的居住建筑和公共建筑，按照2：1的比例予以区级配套补贴，单个项目补贴总额不超过100万元。

上海市杨浦区人民政府办公室印发《杨浦区碳达峰实施方案》（杨府发〔2022〕13号）："十五五"期间，新建居住建筑执行超低能耗建筑标准的比例达到50%，规模化推进新建公共建筑执行超低能耗建筑标准。到2030年，新建民用建筑全面执行超低能耗建筑标准。

上海市黄浦区人民政府印发《黄浦区碳达峰实施方案》（黄府发〔2023〕1号）："十四五"期间新增超低能耗建筑示范项目5个，"十五五"新建居住建筑执行超低能耗标准的比例达到50%，到2030年，全黄浦区新建民用建筑全面执行超低能耗建筑标准。

中国（上海）自由贸易试验区临港新片区管理委员会印发《中国（上海）自由贸易试验区临港新片区建筑领域低碳发展行动方案》（沪自贸临管委〔2022〕149号）：到2025年，打造超低能耗集中示范区域，落实不少于200万㎡超低能耗建筑示范项目；到2030年，新片区新建民用建筑全面执行超低能耗建筑标准，创建5个超低能耗集中示范区域，打造一批近零能耗、零碳建筑创新示范。

上海市黄浦区建设和管理委员会、黄浦区发展和改革委员会印发《黄浦区建筑节能和绿色建筑示范项目专项扶持办法》（黄建管规〔2021〕1号）：符合超低能耗建筑示范的项目，补贴300元/㎡。

上海市浦东新区发展和改革委员会等单位印发《浦东新区节能低碳专项资金管理办法》（沪浦发改规〔2023〕1号）：超低能耗建筑示范项目，补贴150元/㎡，单个项目补贴总额不超过300万元。

深圳市

深圳市人民政府印发《深圳市碳达峰实施方案》（深府〔2023〕84号）：到2030年，新建建筑中二星级以上绿色建筑占比达60%，新建建筑全面应用绿色建材，实施超低能耗、近零能耗、零碳建筑不少于1 000万m²。新建居住建筑平均节能率达75%，新建公共建筑平均节能率达78%。

深圳市住房和建设局印发《关于支持建筑领域绿色低碳发展若干措施》（深建规〔2022〕4号）：对于达到国家、广东省或深圳市超低能耗或（近）零碳零能耗标准，且被认定为国家或深圳市超低能耗或（近）零碳零能耗示范项目的，按照建筑面积资助150元/m²，单个项目资助金额上限为500万元，且不超过项目建安工程费用的5%。

深圳市生态环境局、深圳市发展和改革委员会、深圳市工业和信息化局、深圳市住房和建设局、深圳市交通运输局、深圳市市场监督管理局印发《深圳市减污降碳协同增效实施方案》（深环〔2023〕257号）：到2030年，建设超低能耗、近零能耗和零碳建筑的总建筑面积

不少于1 000万m²。

深圳市罗湖区住房和建设局印发《深圳市罗湖区支持建筑类企业高质量发展若干措施》（罗住建〔2022〕207号）：获得国家、广东省或深圳市超低能耗建筑或（近）零碳零能耗建筑标识，对项目建设单位进行扶持，扶持金额最高400万元，且不超过申请项目建安工程费用的一定比例。

深圳市龙岗区住房和建设局印发《龙岗区住房和建设专项资金关于支持现代建筑业高质量发展的实施细则（试行）》（深龙住建规〔2023〕2号）：达到现行国家、广东省或深圳市超低能耗或（近）零能耗标准，并在《若干措施》发布后被认定为国家或深圳市超低能耗或（近）零碳零能耗示范项目的，按建筑面积给予补贴50元/m²，补贴金额不超过申请项目结算建安工程费用的4%且不超过200万元。

重庆市

重庆市住房和城乡建设委员会、重庆市财政局印发《重庆市绿色低碳建筑示范项目和资金管理办法》（渝建绿建〔2022〕17号）：对近零能耗建筑示范项目给予财政补助。对申请补助的零能耗建筑、近零能耗建筑、超低能耗建筑示范项目按示范面积分别给予200元/m²、120元/m²、80元/m²的补助资金。单个示范项目补助资金总额，分别不得超过400万元、240万元、160万元。

重庆市住房和城乡建设委员会、重庆市发展和改革委员会印发《重庆市城乡建设领域碳达峰实施方案》（渝建〔2023〕1号）：建立

超低（近零）能耗建筑、低碳（零碳）建筑技术、标准、产业支撑体系，积极推动工程试点示范，到2025年，超低（近零）能耗建筑、低碳（零碳）建筑示范项目面积不低于30万m²。

重庆市住房和城乡建设委员会印发《关于做好2023年全市绿色建筑与节能工作》（渝建绿建〔2023〕3号）：发布重庆市DBJ50/T—451—2023《近零能耗建筑技术标准》，依托财政补助、绿色金融服务等激励政策，积极培育超低能耗建筑等试点示范。2023年，各区县培育超低能耗建筑示范项目不少于1个。

天津市

天津市住房和城乡建设委员会印发《天津市绿色建筑发展"十四五"规划》（津住建科〔2021〕19号）：新建项目总建筑面积在20万㎡（含）以上的，需明确建设一栋以上超低能耗建筑，开工建设超低能耗建筑面积不低于总建筑面积的10%。

天津市发展和改革委员会印发《天津市节能"十四五"规划》（津发改环资〔2022〕12号）：新建项目总建筑面积在20万㎡（含）以上的，需建设一栋以上超低能耗建筑，开工建设超低能耗建筑面积不低于总建筑面积的10%。

广东省

广东省住房和城乡建设厅公开征求《广东省绿色建筑发展"十四五"规划》意见（粤建公告〔2021〕42号）：到2025年，建设岭南特色超低能耗及近零能耗建筑200万㎡。

广东省住房和城乡建设厅等部门印发《广东省绿色建筑创建行动实施方案（2021—2023）》（粤建科〔2021〕166号）：发展节能低碳建筑。加快发展超低能耗、近零能耗建筑，进一步提升绿色建筑室内空气、水质、隔声等方面的健康性能，力争建成100万㎡岭南特色超低能耗建筑试点项目。

广东省住房和城乡建设厅印发《广东省建筑节能与绿色建筑发展"十四五"规划》（粤建科〔2022〕56号）：到2025年，完成既有建筑节能绿色化改造面积3 000万㎡以上，建设岭南特色超低能耗及近零能耗建筑300万㎡……政府投资项目积极采用超低能耗建筑标准建设，推动农房执行有关节能标准，到2025年，建设超低能耗、近零能耗建筑300万㎡。

《广州市绿色建筑和建筑节能管理规定》（广州市政府令〔201〕号）：超低能耗建筑、近零能耗建筑和零能耗建筑的外墙面积可以按照不超过总计容建筑面积3%的比例不计入容积率核算。

广州市住房和城乡建设局印发《广州市绿色建筑发展专项规划（2021—2035年）》的通知（穗建技〔2022〕747号）：到2035年，广州市累计建设岭南特色超低能耗建筑、近零能耗建筑规模达到1 000万㎡。

广州市住房和城乡建设局印发《近零能耗建筑技术标准》（穗建技〔2024〕208号）：于2024年3月1日后新立项的政府投资和以政府投资为主的新建公共建筑项目应满足GB/T 51350—2019《近零能耗建筑技术标准》中超低能耗建筑相关的技术要求，达到超低能耗建筑以上标准。对于2024年3月1日至本通知印发之日内已经立项的项目，各建设单位应主动向发展改革部门申请调整，按照新修订的《广州市绿色建筑和建筑节能管理规定》中不低于超低能耗建筑的节能标准要求建设。

中山市人民政府印发《中山市绿色建筑发展专项规划（2022—2035）》（中府函〔2023〕282号）：至2030年，形成一批岭南特色超低能耗建筑示范项目，力争建成3个以上岭南特色近零能耗建筑项目。

中山市住房和城乡建设局等单位印发《中

山市绿色建筑创建行动实施方案（2021—2023）》（中建通〔2022〕73号）：探索岭南特色超低能耗建筑建设，力争建成1栋岭南特色超低能耗建筑项目。

河源市住房和城乡建设局等部门印发《河源市绿色建筑创建行动实施方案（2021—2023）》（河住建通〔2021〕139号）：加快发展超低能耗、近零能耗建筑，进一步提升绿色建筑室内空气、水质、隔声等方面的健康性能指标，力争建成2万m²岭南特色超低能耗建筑示范项目。

东莞市住房和城乡建设局印发《东莞市绿色建筑创建行动实施方案（2021—2023）》（东建〔2021〕13号）：加快发展超低能耗、近零能耗建筑，进一步提升绿色建筑室内空气、水质、隔声等方面的健康性能指标。探索岭南特色超低能耗建筑建设，力争建成1栋岭南特色超低能耗建筑项目。

湛江市住房和城乡建设局印发《湛江市建筑节能与绿色建筑发展"十四五"规划》（湛建科〔2022〕46号）：到2025年，建设岭南特色超低能耗、近零能耗建筑1个。

惠州市住房和城乡建设局印发《惠州市城乡建设领域绿色循环发展与节能降耗专项资金申报指南》（惠市住建公告〔2022〕17号）：超低能耗（被动式）及近零能耗建筑示范项目支持标准：按建筑面积，支持150元/m²，单个项目支持上限为150万元。支持金额均不超过申请项目建安费用的4%。

江门市住房和城乡建设局印发《江门市建筑节能与绿色建筑发展专项规划（2023—2035年）》（江建〔2023〕172号）：近期至2025年，建设岭南特色超低能耗及近零能耗建筑面积14万m²；中期至2030年，新建居住建筑本体达到75%节能要求，新建公共建筑本体达到78%节能要求，鼓励新建居住建筑和公共建筑的围护结构性能执行超低能耗有关标准。建设岭南特色超低能耗建筑示范项目，力争建成2个以上岭南特色近零能耗建筑项目；远期至2035年，被动式超低能耗、近零能耗建筑建设活跃，建筑碳排放总量达峰。

河北省

河北省住房和城乡建设厅印发《河北省住房和城乡建设"十四五"规划》（冀建综财〔2021〕2号）："十三五"期间，累计建设被动式超低能耗建筑416.94万m²，总建设面积全国第一；到2025年全河北省累计建设近零能耗建筑面积约1 340万m²。

河北省住房和城乡建设厅印发《2022年全省建筑节能与科技工作要点》（冀建办〔2022〕19号）：全省新开工被动式超低能耗建筑面积176万m²，其中，石家庄、保定、唐山市新开工建设22万m²，其他设区市新开工建设13.2万m²，定州、辛集市新开工建设2.2万m²。

河北省住房和城乡建设厅印发《中国式现代化河北绿色智能低碳建筑场景行动方案》（冀建节科〔2022〕5号）：到2025年，城镇新建建筑全面推行超低能耗建筑标准，竣工建筑中绿色建筑占比达到100%，星级绿色建筑占比达到50%以上，累计建设被动式超低能耗建筑1 350万m²，城镇建筑可再生能源替代率达到8%以上。

河北雄安新区管理委员会建设和交通管理局、河北雄安新区管理委员会改革发展局印发《雄安新区城乡建设领域绿色发展补贴资金管理办法》（雄安建交字〔2023〕111号）：近零能耗建筑（超低能耗建筑、近零能耗建筑和零能耗建筑通称"近零能耗建筑"）和零碳建筑（包括低碳建筑、近零碳建筑、零碳建筑、全过程零碳建筑）示范项目，补助标准，近零能耗建筑区域部分补助100元/m²，单个项目以施工登记函或施工许可证批准文件为准，不超过300万元。

石家庄市人民政府办公室印发《关于支持被动式超低能耗建筑产业发展的若干措施》（石政办函〔2021〕10号）：2021年实现新开工被动式超低能耗建筑面积20万m²，到2023年累计实现开工被动式超低能耗建筑面积250万m²，到2025年累计实现开工被动式超低能耗建筑面积300万m²。采用被动式超低能耗建筑技术建造的项目，按照固定比例进行重点资金监管的地区，可将重点资金监管比例降低10个百分点；按照建安成本进行重点资金监管的地区，可以将重点监管资金数额降低10%～20%。对符合规定的银行业金融机构投放到超低能耗建筑领域中小企业的创新信贷产品，落实好省级财政按不超过季度平均贷款余额3‰标准给予直接奖励。

石家庄市人民政府印发《关于进一步加快被动式超低能耗建筑发展的实施意见》（石政函〔2024〕38号）：对使用住房公积金购买被动式超低能耗建筑的，贷款最高额度上浮至100万元。对于全部按照被动式超低能耗建筑标准进行规划要求的地块，在满足计提基金的情况下，公开出让起始价可按照土地评估价格的90%确定；如不能满足计提基金要求，则按照成本与计提基金之和确定公开出让起始价。符合被动式超低能耗建筑标准的居住建筑，因墙体保温技术增加的建筑面积，不计入容积率核算。

石家庄市住房和城乡建设局印发《2021年全市建筑节能、绿色建筑与装配式建筑工作方案》：新开工建设被动式超低能耗建筑20万m²以上。

石家庄市住房和城乡建设局印发《2022年全市建筑节能、绿色建筑与装配式建筑工作方案》：新开工建设被动式超低能耗建筑（被动房）面积22万m²以上。

石家庄市住房和城乡建设局印发《2023年全市建筑节能、绿色建筑与装配式建筑工作方案》：2023年，新开工建设被动式超低能耗建筑（被动房）面积24万m²以上。

石家庄市藁城区住房和城乡建设局印发《石家庄市藁城区绿色建筑专项规划》（2020—2025年）（藁建〔2020〕130号）：2020—2023年，藁城区累计新开工建设被动式超低能耗建筑不低于2万m²；规划末期，藁城区累计新开工建设被动式超低能耗建筑不低于4万m²；远期展望至2035年，藁城区竣工和在建被动式超低能耗建筑面积累计达到20万m²以上。对出让、划拨地块在50亩[①]（含）以上或总建筑面积在6万m²以上的项目，在规划条件中明确必须建设一栋以上被动房，开工建设被动房面积不低于总建筑面积的10%。

---

① 1亩≈666.67平方米。

中共保定市委办公室、市政府办公室印发《保定市推动城乡建设绿色发展的实施方案》（保办发〔2021〕7号）：扩大近零能耗建筑建设规模，到2025年，累计建设近零能耗建筑280万 m² 以上；加快近零能耗建筑产业发展，到2025年全产业链产值力争达到1 000亿元。

保定市人民政府办公室印发《保定市全面推进被动式超低能耗建筑产业发展实施方案》（保政办函〔2021〕48号）：提升产业规模。到2025年，产业规模力争达到1 000亿元以上，建成3～5个被动式超低能耗建筑产业园。保障土地供应。到2022年主城区被动式超低能耗建筑用地面积不少于当年建设供地面积总量的25%，到2025年被动式超低能耗建筑用地面积占当年建设供地面积总量不少于30%。扩大建设体量。2021年全保定市新开工建设被动式超低能耗建筑20万 m²，2022—2025年每年以不低于10%的速度递增。各县（市、区）要完成不少于1项或单栋（居住建筑不低于3 000 m²，公共建筑不低于2 000 m²）被动式超低能耗建筑建设项目。高碑店市、涿州市、高新区加快推进，成规模集中连片建设被动式超低能耗建筑住宅小区，到2023年建设规模分别达到48万 m²、18万 m²、24万 m²。到2025年，保定市累计实现被动式超低能耗建筑（含近零能耗建筑及零碳建筑）建设280万 m²，各县（市、区）完成《保定市绿色建筑专项规划（2020—2025）》中被动式超低能耗建筑规划目标分解任务。对单宗土地面积达到50亩及以上出让、划拨居住建筑地块或总建筑面积10万 m² 以上的项目，被动式超低能耗建筑配建面积不低于地上建筑面积的10%，执行时间以土地出让合同签订时间为准。在城市新区、功能园区等规划建设中，被动式超低能耗建筑占比应达到30%以上。争取

省级建筑节能补助专项资金，对2万 m² 以上达到被动式超低能耗建筑建设标准的示范项目，按照不超过400元/m²，单个项目不超过1200万元的标准给予补贴。使用住房公积金贷款购买被动式超低能耗建筑自住住宅的，贷款额度上浮20%。

保定市住房和城乡建设局印发《保定市绿色建筑专项规划》（2020—2025）：规划期内，保定市规划累计实现被动式超低能耗建筑建设280万 m²。其中，主城区将累计实现被动式超低能耗建筑建设80万 m²。展望到2035年，采用被动式超低能耗建筑建设的项目达到800万 m²。

保定市住房和城乡建设局等六部门印发《关于加强被动式超低能耗建筑管理工作的通知》（保住建发〔2020〕487号）：到2025年，保定市被动式超低能耗建筑用地面积不少于当年建设住宅供地面积总量的30%，全保定市规划累计实现被动式超低能耗建筑建设280万 m²。其中主城区将累计实现被动式超低能耗建筑建设80万 m²。

邯郸市人民政府印发《关于推进超低能耗建筑发展的实施意见》（邯政规〔2020〕4号）：到2020年底全市超低能耗建筑建设目标3万 m²，力争5万 m²；到2025年，邯郸市新建超低能耗建筑项目建筑面积占新开工建设面积不低于20%，东区核心区不低于25%。用地规模原则上在50亩以上或建设规模在10万 m² 以上。应优先保障东区核心区的超低能耗建筑建设。

邯郸市建设局、邯郸市发展和改革委员会、邯郸市自然资源和规划局、邯郸市行政审批局、邯郸市住房保障和房产管理局、邯郸市教育局、邯郸市工业和信息化局、邯郸市城市管理综合行政执法局、中国人民银行邯郸市中心支行、邯郸市机关事务管理局、中国银行保

险监督管理委员会邯郸监管分局联合印发《邯郸市绿色建筑创建行动实施方案》（邯建绿建〔2020〕176号）：2021年，全邯郸市新开工建设被动式超低能耗建筑12万m²，其中各县（市、区）分别新开工建设0.5万m²以上被动式超低能耗建筑示范项目。2022年，开工建设被动式超低能耗建筑累计达到30万m²，2022—2025年每年邯郸市新开工被动式超低能耗建筑面积增速不低于10%。

唐山市人民政府办公室印发《关于支持被动式超低能耗建筑产业发展若干政策》（唐政办字〔2020〕94号）：2020年和2021年，唐山市分别新开工建设8万m²、20万m²被动式超低能耗建筑；2020—2025年，每年以不低于10%的速度递增；到2025年，唐山市竣工和在建被动式超低能耗建筑面积达到132万m²。

唐山市人民政府办公室《关于加快推进绿色建筑高质量发展的实施意见》（唐政办字〔2023〕113号）：对于被动式超低能耗建筑，因墙体保温等技术增加的地上建筑面积，资规部门在建设工程设计方案审查时，按采用被动式超低能耗建筑地上建筑面积的9%以内给予奖励。

唐山市住房公积金管理中心印发《关于支持被动式超低能耗建筑产业发展有关贷款政策的通知》（唐公积金〔2020〕23号）：职工使用住房公积金贷款购买二星级及以上绿色建筑标准的新建被动式超低能耗自住住宅的，贷款额度上浮20%，但还款能力不超过借款人（及配偶）月收入的60%。

唐山市住房和城乡建设局印发《唐山市绿色建筑专项规划（2020—2025）》（唐住建发〔2020〕99号）：到2025年，唐山市累计竣工和在建被动式超低能耗建筑面积不低于132万m²，

其中中心城区不低于60万m²；远景2035年唐山市累计竣工和在建被动式超低能耗建筑面积不低于298万m²，其中中心城区不低于140万m²。

秦皇岛市人民政府办公室印发《关于推动被动式超低能耗建筑发展的实施意见》（秦政办字〔2020〕68号）：到2025年，全秦皇岛市累计开工建设被动式超低能耗建筑不低于150万m²，其中海港区不少于50万m²；秦皇岛经济技术开发区、北戴河新区不少于30万m²；北戴河区、昌黎县不少于10万m²；山海关区、抚宁区、卢龙县、青龙满族自治县不少于5万m²。

秦皇岛市住建局等11部门印发《秦皇岛市绿色建筑创建行动方案》：持续推进被动式超低能耗建筑发展，2021年新开工建设15万m²，2022年新开工建筑面积增速不低于10%，秦皇岛市各县（区）均有被动式超低能耗建筑开工建设，以点带面，形成规模化推广格局。加强被动式超低能耗建筑的质量监管，保证建设质量，建立和完善评价和后评估机制。

秦皇岛市建筑产业现代化工作领导小组办公室印发《2023年度全市新型建筑工业化发展计划》（秦建产组办〔2023〕1号）：2023年，新开工被动式超低能耗建筑15万m²以上。

承德市住房和城乡建设局《2021年全市住房和城乡建设工作要点》（承市建发〔2021〕5号）：2021年，被动式超低能耗建筑计划完成12万m²。

沧州市住房和城乡建设局印发《2021年全市建筑节能与科技工作要点》（沧建〔2021〕15号）：加大对被动式超低能耗建筑的推广力度，总建筑面积在10万m²（含）以上的商品住宅项目，要配建一栋以上且不低于总建筑面积5%的超低能耗建筑，单宗土地面积达到100亩的出让、划拨居住建筑地块或总建筑面积20万m²

以上的项目，配建不低于10%的被动式超低能耗建筑，今年全沧州市要新开工建设12万m²以上被动式超低能耗建筑。

张家口市人民政府办公室印发《关于加快城乡绿色建筑高质量发展的实施方案》（张政办字〔2021〕62号）：新建工业建筑、超过2万m²的大型公共建筑、新建政府投资或以政府投资为主的办公、学校、医院、图书馆等公共建筑及安置房项目，集中建设的公租房、专家公寓、人才公寓等居住建筑全部按照装配式建筑标准或被动式超低能耗标准规划设计和建设。从2021年起，中心城区新建商品房小区按照10%的比例、其他县区按照的5%比例配建被动式超低能耗建筑，察北管理区、塞北管理区鼓励建设；"洋河新区"以及各级发展新区、功能园区等重点发展区域配建比例不低于30%。对采用被动式超低能耗建筑方式建设的项目，按其地上建筑面积的9%给予奖励，奖励的建筑面积不计入项目容积率核算。对新开工建设的被动式超低能耗建筑商品房建设项目（含农房），由项目所在地政府财政予以100元/m²资金补贴，单个项目不超过300万元。

张家口市万全区人民政府印发《张家口市万全区绿色建筑专项规划（2020—2025年）》（万区政字〔2021〕46号）：展望到2035年，超低能耗建筑实现区域化发展，管理机制基本成熟，超低能耗建筑面积占新建建筑面积比例达到20%。

邢台市人民政府办公室《关于加快绿色建筑产业发展推进被动式超低能耗建筑建设的实施意见》（邢政办字〔2021〕23号）：2021年邢台市新开工建设被动式超低能耗建筑不低于20万m²，各县（市、区）分别新开工建设被动式超低能耗建筑不低于1万m²，打造一批

被动式超低能耗建筑示范项目。2022—2025年每年新开工建设被动式超低能耗建筑面积以不低于10%的速度递增。在城市新区、功能园区等区域规划建设中突出绿色发展新理念，高起点、高标准、高质量建设绿色建筑和被动式超低能耗建筑，被动式超低能耗建筑占比达到30%以上。单宗土地面积达到100亩的出让、划拨居住建筑地块或总建筑面积20万m²及以上的项目，在规划条件中明确应建设不低于10%的被动式超低能耗建筑。在办理规划审批（或验收）时，对于出让、划拨地块中采用被动式超低能耗建筑方式建设和采用装配式建造方式建设的居住建筑及商业综合体、医院、学校等公共建筑（含政府投资或以政府投资为主的居住建筑和公共建筑），分别按其地上建筑面积9%和3%给予奖励，同时采用的按其地上建筑面积12%给予奖励，奖励的建筑面积不计入项目容积率，不再增收土地价款及城市基础设施配套费。使用住房公积金贷款购买高于最低等级绿色建筑标准的新建被动式超低能耗自住住宅的，贷款额度上浮10%；被动式超低能耗建筑在办理商品房价格备案时，指导价格可适当上浮，比例不超过30%。采用被动式超低能耗建筑技术建造的项目，可调低预售资金重点监管比例（数额），增加拨付节点或对预售资金实行前移一个节点进行拨付。其中，按照固定比例进行重点资金监管的地区，可以将重点资金监管比例降低10个百分点；按照建安成本进行重点资金监管的地区，可以将重点监管资金数额降低10%~20%。按照属地原则，对政府投资的项目，增量投资由政府资金承担；鼓励社会投资的项目积极申报省级专项资金，对单个项目（以立项批准文件为准）建筑面积不低于2万m²的被动式超低能耗建筑示范项目给予资金

补助，补助标准不超过400元/m²，以河北省当年补助标准为准。

衡水市人民政府《关于加快推进被动式超低能耗建筑发展的实施意见》（衡政规〔2021〕4号）：2021年，衡水市新开工建设被动式超低能耗建筑12万m²，2022—2025年每年以不低于10%的速度递增；出让、划拨地块在100亩（含）以上或总建筑面积在10万m²（含）以上的民用建筑项目，在规划条件中明确必须建设一栋以上的被动式超低能耗建筑且面积不低于总建筑面积的10%。被动式超低能耗建筑按节能率90%以上设计建造。因墙体保温等技术增加的建筑面积，按其地上建筑面积9%给予奖励，奖励的建筑面积不计入项目容积率核算。被动式超低能耗建筑在办理商品房价格备案时，指导价格可适当上浮，比例不超过普通住宅价格的30%。对单个项目（以立项批准文件为准）建筑面积不低于2万m²的被动式超低能耗建筑示范项目给予资金补助。补助标准在目前不超过400元/m²的基础上，随着技术提高、成本降低、规模扩大，逐步降低补助标准至不超过200元/m²。

山西省

太原市人民政府办公室印发《太原市"十四五"住房和城乡建设规划》：至2025年，城镇新建建筑全面达到绿色建筑标准，积极引导超低能耗项目开展技术创新。2022年前，综改示范区至少创建1个超低能耗建筑示范项目。

太原市住房和城乡建设局印发《太原市绿色建筑专项行动方案》：推动超低能耗技术发展，2020—2022年新开工建设超低能耗建筑不低于5万m²。

内蒙古自治区

内蒙古自治区人民政府办公厅印发《关于促进新型建筑工业化绿色发展的实施意见》（内政办发〔2021〕41号）：稳步发展"被动式"建筑。加强北方寒冷地区被动式建筑方案设计、热工设计、暖通设计等方面的探索，大力推广保温结构一体化技术，因地制宜推进太阳能、浅层地热能、空气能等新能源在建筑中的应用，将"设计节能"转变为"实际节能"，积极开展被动式超低能耗和近零能耗、零能耗建筑试点示范。到2025年，内蒙古自治区城镇全面推行超低能耗建设标准；到2030年，城镇新建建筑中近零能耗建筑占比达到10%以上。

内蒙古自治区住房和城乡建设厅印发《内蒙古自治区"十四五"建筑节能与绿色建筑发展专项规划》：到2025年，超低能耗建筑在部分地区实现稳步推广，推广面积超过50万m²。

鄂尔多斯市人民政府办公室印发《关于加强建筑节能和绿色建筑发展的实施方案》：每年安排1 000万元，对新建被动式超低能耗建筑试点示范项目按照500元/m²标准进行专项补贴，单个项目补贴限额不超过1 000万元。采用被动式超低能耗建筑技术建造的房地产开发项目，可将预售资金重点监管比例降低5个百分点；给予保温层建筑面积不计入容积率核算的奖励。

通辽市人民政府办公室印发《通辽市推动城乡建设绿色发展实施方案》：开展超低能耗建筑、近零能耗建筑、零碳建筑试点示范，推动超低能耗建筑规模化发展，鼓励建设近零能耗建筑和零碳建筑，到2025年，通辽市开展超低能耗建筑试点示范力争达到5万m^2。

辽宁省

沈阳市人民政府办公室印发《沈阳市促进建筑业高质量发展行动计划》：对新建、改造的绿色建筑项目给予政策支持，利用沈阳市清洁能源示范城市补贴资金，对社会投资的新建超低能耗建筑项目，按照500元/m^2标准给予建设单位补贴。对既有公共建筑超低能耗改造项目，按照500元/m^2标准给予建设单位补贴。到2025年年底，建设超低能耗建筑项目建筑面积达30万m^2以上。

沈阳市城乡建设局、沈阳市发展和改革委员会、沈阳市自然资源局、沈阳市房产局印发《关于促进我市绿色建筑高质量发展的实施意见》（沈建发〔2022〕37号）：到2025年底，建设超低能耗建筑项目建筑面积30万m^2。利用沈阳市清洁能源示范城市补贴资金，对于新建超低能耗建筑项目，按500元/m^2标准给予建设单位补贴。

大连市住房和城乡建设局、大连市发展和改革委员会、大连市自然资源局联合印发《大连市2022年超低能耗近零能耗建筑工作要点》（大住建发〔2022〕18号）：大连市规划建设超低能耗、近零能耗建筑面积20万m^2。

吉林省

吉林省财政厅、吉林省住房和城乡建设厅印发《吉林省建筑节能奖补资金管理办法》（吉财建〔2021〕514号）：超低能耗建筑项目。按建筑面积奖补600元/m^2。单个项目补助限额最多不超过300万元，奖补资金不得超过工程建设总投资的50%。

黑龙江省

黑龙江省人民政府办公厅印发《黑龙江省推动工业振兴若干政策措施》（黑政办规〔2022〕8号）：到2025年，黑龙江省年度新建超低能耗建筑面积占比达到18%以上，既有公共建筑超低能耗累计改造面积占比达到1%。

黑龙江省人民政府办公厅转发省发展改革委、省住房城乡建设厅《加快推动建筑领域节能降碳实施方案》（黑政办函〔2024〕45号）：到2025年，建筑领域节能降碳制度体系更加健全，黑龙江省城镇新建建筑全面执行绿色建筑标准，新建政府投资公共建筑项目执行超低能耗建筑设计标准，超低能耗建筑、近零能耗建筑面积比2023年增长65万m^2以上，完成既有建筑节能改造面积1 000万m^2以上。到2027年，既有建筑节能改造规模进一步扩大，超低能耗建筑实现规模化发展。

黑龙江省工业和信息化厅、黑龙江省住房和城乡建设厅印发《黑龙江省超低能耗建筑产业发展专项规划（2022—2025年）》（黑工信原规联发〔2022〕2号）：到2025年，实现超低能耗建筑产业规模化发展，全面提升产业竞争力和创造力，基本形成具有严寒地区特点、品质优异、技术先进、产业集聚的产业链体系。超低能耗建筑新建项目和改造项目建筑面积达到1 000万m²，全黑龙江省超低能耗建筑业、制造业、运维与服务业全产业链产值达到1 000亿元以上。

黑龙江省工业和信息化厅、黑龙江省财政厅、黑龙江省住房和城乡建设厅印发《关于支持超低能耗建筑产业发展的若干政策措施》（黑工信原规联发〔2022〕3号）：到2025年底，哈尔滨市建设超低能耗建筑580万m²，齐齐哈尔市、牡丹江市、佳木斯市、大庆市分别达到65万m²，其他市（地）分别达到20万m²，黑龙江省竣工和在建超低能耗建筑面积累计达到1 000万m²。设立省级发展超低能耗建筑专项资金，对新建建筑按建筑面积补助最高600元/m²、既有建筑改造按建筑面积补助最高300元/m²。确定为超低能耗建筑示范项目并取得施工许可证后，先行拨付项目补助资金60%。对于采用超低能耗建筑方式建设的项目，因墙体保温等技术增加的建筑面积，按其地上建筑面积10%以内给予奖励，奖励的建筑面积不计入项目容积率核算。超低能耗建筑在办理商品房价格备案时，指导价格可适当上浮30%左右。对使用住房公积金贷款购买新建超低能耗自住住宅的，贷款额度上浮5%～20%。对符合规定的银行业金融机构投放到超低能耗建筑领域中小企业的创新信贷产品，省级财政按不超过季度平均贷款余额0.3%标准给予直接奖励。

黑龙江省财政厅、黑龙江省住房和城乡建

设厅印发《黑龙江省超低能耗建筑示范项目奖补资金管理暂行办法》（黑财规审〔2022〕4号）：（一）新建建筑。1.基础奖补。2022年度示范项目按建筑面积奖补400元/m²；2023—2024年度示范项目按建筑面积奖补200元/m²；2025年度示范项目按建筑面积奖补100元/m²。2.增加奖补。实行分布式供暖（可再生能源应用比例≥70%）按建筑面积奖补100元/m²；满足装配式建筑标准要求的建筑奖补100元/m²。3.奖励总额。单个项目奖励限额最多不超过1 000万元，奖补资金不得超过工程建设总投资的15%。（二）既有建筑。1.基础奖补。2022—2024年度示范项目按建筑面积奖补200元/m²，2025年度示范项目按建筑面积奖补100元/m²。2.增加奖补。实行分布式供暖（可再生能源应用率≥70%）按建筑面积奖补100元/m²。3.奖励总额。单个项目补助限额最多不超过400万元，奖补资金不得超过工程建设总投资的30%。

黑龙江省住房和城乡建设厅、黑龙江省发展和改革委员会印发《黑龙江省城乡建设领域碳达峰实施方案》（黑建科〔2022〕11号）：到2025年底，黑龙江省累计新建和改建超低能耗建筑1 000万m²以上；2030年前新建居住建筑本体达到83%节能要求，新建公共建筑本体达到78%节能要求。

黑龙江省住房和城乡建设厅印发《黑龙江省"十四五"建筑节能与绿色建筑发展规划》（黑建科〔2022〕15号）：到2025年，建设超低能耗建筑1 000万m²以上，其中新建超低能耗建筑面积780万m²，改造超低能耗建筑面积220万m²。

哈尔滨市人民政府印发《哈尔滨市提高建筑节能质效推动城市建设高质量发展工作方案》（哈政发〔2024〕14号）：实现城镇新建建筑全生命建设周期执行绿色建筑标准，

改造建设以超低能耗建筑为主的高能效建筑580万m²。政府投资或以政府投资为主的各类新建、改扩建建筑，包括科教文卫体等大型公共建筑，以及建设规模在5万m²以上的居住类建筑，至少达到绿色建筑一星级或超低能耗建筑标准。

宝清县住房和城乡建设局《关于宝清县超低能耗建筑示范项目奖补资金的通知》（宝建函〔2023〕384号）规定，新建建筑：2022年度示范项目按建筑面积奖补400元/m²；2023—2024年度奖补200元/m²；2025年度奖补100元/m²。单个项目奖励限额最多不超过1 000万元，奖补资金不得超过工程建设总投资的15%。既有建筑：2022—2024年度示范项目按建筑面积奖补200元/m²；2025年度奖补100元/m²。单个项目补助限额最多不超过400万元，奖补资金不超过工程建设总投资的30%。

江苏省

江苏省人民政府办公厅《关于江苏省"十四五"全社会节能的实施意见》（苏政办发〔2021〕105号）：到2025年，新建超低能耗建筑面积达500万m²，新建高品质绿色建筑面积达到2 000万m²。

江苏省住房城乡建设厅印发《江苏省"十四五"绿色建筑高质量发展规划》（苏建科〔2021〕114号）：到2025年，新建超低能耗建筑总面积达到500万m²，可再生能源替代建筑常规能源比例达到8%。

中共连云港市委办公室、市政府办公室印发《关于推动城乡建设绿色发展实施方案》（连委办发〔2022〕30号）：到2025年，连云港市城镇新建建筑100%执行绿色建筑标准，政府投资的公共建筑全面执行国家二星级以上绿色建筑标准，新建超低能耗建筑总面积达到20万m²。

常州市住房和城乡建设局印发《常州市"十四五"绿色建筑高质量发展规划》（常住建〔2022〕146号）：新建民用建筑节能水平持续提升，居住建筑全面执行75%节能标准，新建超低能耗、近零能耗建筑面积达到16万m²，积极开展零能耗和零碳建筑试点并取得积极成效。

浙江省

金华市人民政府批复《金华市绿色建筑专项规划（2022—2030年）》（金政函〔2023〕9号）：2022—2025年，金华市各县（市、区）平均建筑运行碳排放强度降低值不低于7.0 kgCO₂/（m²·a）。超低能耗建筑面积达到30.0万m²，近零能耗建筑示范数量达到4个。2026—2030年，金华市各县（市、区）平均建筑运行碳排放强度降低值不低于8.0 kgCO₂/（m²·a）。超低能耗建筑面积达到40.0万m²，近零能耗建筑示范数量达到10个。

宁波市住房和城乡建设局、宁波市自然资源和规划局、宁波市发展和改革委员会印发《宁波市绿色建筑专项规划（2022—2030年）》（甬建发〔2024〕1号）：2022—2025年目标，新建民用建筑设计节能率全面执行75%标准；以2016年为参考基准年，单位建筑面积运行碳排放设计强度降低值（全市加权）≥7 kgCO₂/（m²·a）；累计超低能耗建筑建设面积≥80万m²；近零能耗建筑建设项目数量≥17个。2026—2030年目标，新建民用建筑设计节能率≥75%；以2016年为参考基准年，单位建筑面积运行碳排放设计强度降低值（全市加权）≥8 kgCO₂/（m²·a）；累计超低能耗建筑建设面积≥100万m²；累计近零能耗建筑建设项目数量≥29个。

温州市住房和城乡建设局印发《2024年温州市建筑领域碳达峰碳中和暨建筑节能与绿色建筑工作要点及目标任务书》（温住建发〔2024〕8号）：推进新建建筑按超低能耗建筑建设与（近）零能耗建筑示范，引导建设单位积极申报超低能耗建筑与近零能耗建筑认证。2024年，完成超低能耗建筑9.7万m²，（近）零能耗建筑示范4个。

嵊州市人民政府办公室印发《嵊州市促进建筑业高质量发展若干政策》（嵊政办〔2022〕38号）：对所建项目当年获评国家零碳建筑、近零能耗建筑、超低能耗建筑认证的建设单位，按照实施面积分别给予100元/m²（单个项目奖励最多不超过200万元）、80元/m²（单个项目奖励最多不超过150万元）和60元/m²（单个项目奖励最多不超过100万元）奖励，且不超过建安费用的5%。

嵊州市人民政府办公室印发《嵊州市促进建筑业高质量发展若干政策》（嵊政办〔2023〕14号）：对所建项目当年获评国家零碳建筑、近零能耗建筑、超低能耗建筑认证的建设单位，按照实施面积分别给予100元/m²（单个项目奖励最多不超过200万元）、80元/m²

（单个项目奖励最多不超过150万元）和60元/m²（单个项目奖励最多不超过100万元）奖励，且不超过建安费用的5%。

诸暨市人民政府办公室印发《关于推动诸暨建筑业改革创新高质量发展的实施意见》（诸政办发〔2023〕1号）：大力发展超低能耗、近零能耗、零能耗建筑，到2025年，完成超低能耗建筑面积4万m²、近零能耗建筑项目1个。积极推进超低能耗建筑、近零能耗建筑、零能耗建筑建设及既有建筑节能改造，并适当给予资金补助。

诸暨市人民政府办公室印发《诸暨市促进建筑业高质量发展若干政策》（诸政办发〔2023〕5号）：对所建项目当年获评国家零碳建筑、近零能耗建筑、超低能耗建筑认证的建设单位，按照实施面积分别给予100元/m²（单个项目奖励最多不超过200万元）、80元/m²（单个项目奖励最多不超过150万元）和60元/m²（单个项目奖励最多不超过100万元）奖励，且不超过建安费用的5%。

义乌市住房和城乡建设局印发《义乌市绿色建筑专项规划（2022—2030）》（义建局〔2023〕132号）：到2025年，义乌市各目标管理分区平均建筑运行碳排放强度降低值不低于7.0 kgCO₂/（m²·a）以上。超低能耗建筑面积达到5.5万m²，近零能耗建筑示范数量达到1个。到2030年，义乌市各目标管理分区平均建筑运行碳排放强度降低值不低于8.0 kgCO₂/（m²·a）以上。超低能耗建筑面积达到6.6万m²，近零能耗建筑示范数量达到1个。

安徽省

合肥市人民政府办公室印发《合肥市促进

经济发展若干政策》（合政办〔2023〕7号）：

对新建民用建筑达到超低能耗建筑、近零能耗建筑、三星级绿色建筑标准的，分档给予最高300万元奖励。

合肥市城乡建设局、合肥市发展和改革委员会印发《合肥市"十四五"绿色建筑发展规划》（合建〔2021〕147号）：到2025年末，合肥市新建超低能耗建筑、低碳（零碳）建筑示范项目面积达到25万m²。

合肥市城乡建设局印发《关于开展2023年度支持智能建造转型升级和既有建筑改造及绿色建筑和建筑节能奖补资金申报工作》（合建设〔2024〕9号）：对2023年1月1日至2023年12月31日期间，新建民用建筑达到超低能耗建筑、近零能耗建筑、三星级绿色建筑标准的，根据建筑面积分别按100元/m²、150元/m²、50元/m²标准，给予最高不超过300万元奖励。

蚌埠市人民政府办公室印发《蚌埠市推进超低能耗建筑试点城市建设实施方案》（蚌政办秘〔2023〕64号）：新建、改建达到超低能耗建筑标准，通过近零能耗建筑测评机构评审的，给予最高不超过150元/m²奖补，单个项目奖补最高不超过400万元。

江西省

江西省住房和城乡建设厅印发《江西省住房城乡建设领域"十四五"建筑节能与绿色建筑发展规划》（赣建科设〔2022〕16号）：鼓励政府投资公益性建筑、大型公共建筑开展超低能耗建筑、近零能耗建筑示范，到2025年建设超低能耗、近零能耗建筑示范项目50万m²以上。

山东省

山东省住房和城乡建设厅、山东省发展和改革委员会、山东省工业和信息化厅、山东省财政厅、山东省市场监督管理局、山东省能源局印发《山东省"十四五"绿色建筑与建筑节能发展规划》（鲁建节科字〔2022〕4号）："十四五"期间，城镇新建居住建筑能效水平在原有基础上提升30%，新建公共建筑能效水平提升20%。到2025年，新建超低能耗建筑面积500万m²以上，创建近零能耗及低碳、零碳建筑试点面积100万m²以上。

山东省住房和城乡建设厅印发《山东省推进建筑业高质量发展三年行动方案》（鲁建建管字〔2022〕2号）："十四五"期间，每年新增绿色建筑1亿m²以上，到2025年，新建超低能耗建筑面积500万m²以上，创建近零能耗及低碳、零碳建筑试点面积100万m²以上。

济南市人民政府印发《关于全面推进绿色建筑高质量发展的实施意见》（济政发〔2021〕3号）：符合被动式超低能耗建筑节能设计标准要求的建设项目，达到国家、省、市相关标准和城乡规划要求的，最高不超过其地上建筑面积3%的部分不计入容积率。符合被动式超低能耗建筑设计标准要求的建设项目，投入资金达到工程建设总投资25%以上且已完成基础工程，并确定施工进度和竣工交付日期的，可申请办理商品房预售许可，各拨付节点预售资金监管留存比例可下调10个百分点。对不接入市政供热管网、采用可再生能源供暖且可再生能源供暖设备装机容量占供暖系统设计热负荷60%以上的被动式超低能耗建筑建设项目，给予最高不超过其缴纳的城市基础设施配套费中供热配套费额度的资金奖补。

济南市住房和城乡建设局印发《济南市"十四五"绿色建筑高质量发展规划》（济建发〔2022〕2号）：到规划期末，新建超低能耗建筑、近零能耗建筑等绿色低碳建筑100万m²以上，建设一批低碳建筑、零碳建筑试点示范项目。

济南市生态环境局、济南市发展和改革委员会、济南市工业和信息化局等6个部门印发《济南市减污降碳协同增效实施方案》（济环发〔2023〕22号）：到2025年，新建超低能耗建筑、近零能耗建筑等绿色低碳建筑100万m²以上，城镇建筑可再生能源替代率达到8%，新建公共机构建筑、新建厂房屋顶光伏覆盖率力争达到50%。

济南市住房和城乡建设局等单位印发《济南市城乡建设领域碳达峰工作方案》（济建节科字〔2023〕8号）："十四五"期间，新建超低能耗建筑、近零能耗建筑及低碳建筑、零碳建筑等绿色低碳建筑100万m²以上，到2030年，累计建设面积达到400万m²。

青岛市住房和城乡建设局发布《青岛市绿色建筑与超低能耗建筑发展专项规划（2021—2025）》（青建办字〔2020〕49号）：继续加大超低能耗建筑推广力度。规划期内累计实施超低能耗建筑380万m²。

青岛市住房和城乡建设局印发《青岛市"十四五"建筑节能与绿色建筑发展规划》（青建发〔2021〕57号）：在新建城区内实施区域性推广，将崂山区、青岛西海岸新区、城阳区和即墨区四区作为超低能耗建筑重点发展

区（市），累计实施100万m²，并在上述四区内开展近零能耗建筑试点示范，示范面积各为5万m²，共计20万m²，可减少碳排放量81万吨二氧化碳。

济宁市人民政府办公室《关于优化建筑业营商环境促进企业创新发展的十条意见》（济政办发〔2020〕6号）：新建超低能耗建筑项目奖励100元/m²（单个项目最高奖励200万元）。

济宁市人民政府发布《关于加快济宁市建筑业现代化发展的实施意见》（济政字〔2019〕32号）：积极发展超低能耗建筑，墙体厚度超出30厘米的部分不计入容积率核算，房屋测绘时不计入建筑面积，到2021年底，济宁市开工建设超低能耗建筑30万m²以上。

泰安市住房和城乡建设局等部门印发《泰安市绿色建筑发展专项规划（2021—2035）》（泰建发〔2021〕18号）：近期（2021—2025年），泰安市将以试点示范先行、以点带面的方式推动超低能耗建筑建设，超低能耗建筑建设项目面积累计达到25万m²。其中，中心城区将累计实现超低能耗建筑建设20万m²；远期（2026—2035年），泰安市将全面加大超低能耗建筑推广力度，超低能耗建筑建设项目面积累计达到60万m²。

潍坊市住房和城乡建设局印发《潍坊市（中心市区）绿色建筑发展专项规划（2021—2035年）》（潍建科设字〔2022〕8号）：近期（2021—2025年），超低能耗建筑建设项目面积累计达到100万m²，近零能耗建筑建设项目面积累计达到20万m²。远期（2026—2035年），超低能耗建筑建设项目面积累计达到900万m²，近零能耗建筑建设项目面积累计达到50万m²。

聊城市住房和城乡建设局等单位印发《聊城市城乡建设领域碳达峰实施方案》（聊建字

〔2023〕31号）：鼓励实施超低能耗或绿色化改造，"十四五"期间完成既有居住建筑节能改造200万㎡，力争到2030年具备节能改造价值和条件的既有居住建筑实现应改尽改。

莱西市人民政府办公室印发《关于加快推进绿色建筑、装配式建筑和被动式超低能耗建筑产业发展的实施意见》（西政办发〔2020〕55号），明确了被动式超低能耗建筑奖补数额：在青岛市财政给予奖励200元/㎡（单个项目300万元封顶）的基础上，莱西市财政再给予100元/㎡的奖励，单个项目200万元封顶。

河南省

河南省住房和城乡建设厅印发《2023年建设科技与标准工作计划》（豫建科〔2023〕38号）：开展超低能耗建筑建设试点，2023年，郑州、洛阳、南阳、商丘、周口5市须各实施1个超低能耗建筑项目。

河南省住房和城乡建设厅等单位印发《河南省城乡建设领域碳达峰行动方案》（豫建科〔2023〕29号）：2030年前，河南省超低能耗建筑、近零能耗建筑和零碳建筑等实施面积超过200万㎡。

河南省住房和城乡建设厅印发《河南省"十四五"建筑节能与绿色建筑发展规划》（豫建科〔2023〕112号）：建设超低能耗、近零能耗建筑50万㎡。

郑州市城乡建设局印发《2021年郑州市建筑节能与装配式建筑发展工作要点》（郑建文〔2021〕100号）：2021年，推进清洁取暖试点城市中超低能耗建筑示范项目实施，新建超低能耗建筑项目面积不少于15万㎡。

鹤壁市住房和城乡建设局印发《鹤壁市城乡建设领域碳达峰行动方案》（鹤建综〔2023〕61号）：2030年前，鹤壁市超低能耗建筑、近零能耗建筑和零碳建筑等实施面积超过5万㎡。

焦作市住房和城乡建设局印发《焦作市"十四五"建筑节能与绿色建筑发展规划》（焦建规定〔2023〕2号）：到2025年，推动绿色建筑规模化发展，鼓励建设高星级绿色建筑，建设超低能耗建筑3项，装配式建筑占当年城镇新建建筑的比例达到40%，焦作市新建民用建筑全部采用可再生能源。

湖北省

湖北省住房和城乡建设厅、湖北省发展和改革委员会印发《湖北省城乡建设领域碳达峰实施方案》（鄂建文〔2023〕28号）：持续推进"一主两翼"城市超低能耗建筑试点工作，鼓励其他城市同步开展试点工作。引导国家机关办公建筑、大型公共建筑和政府投资公益建筑以及国有资金参与投资建设的其他公共建筑，积极开展近零能耗建筑、低碳建筑、零碳建筑试点示范。到2025年，湖北省完成超低能耗建筑面积120万㎡，试点工作形成可行性经验，到2030年，完成超低能耗建筑面积300万㎡。

郧西县人民政府印发《关于支持被动式超低能耗建筑产业发展的意见（试行）》（西政发〔2022〕8号）：2022—2025年，每年开工建设1～2个被动房示范项目；按被动房方式建设的项目，在办理规划审批时，其建设被动房的地上建筑面积5%可不计入成交地块的容积率核算范围。按被动房方式开发建设的项目，在办理商品房价格备案时，指导价格可适当上浮，比例不超过20%。对符合《被动式超低能耗绿色建筑技术导则》要求的被动房示范项目，项目实施后建筑节能率达到90%的，经过竣工验收合格，奖励标准为300元/m²，单一项目奖补资金最多不超过200万元。

石首市人民政府办公室印发《关于推进被动式超低能耗建筑发展的实施意见（试行）》（石政办发〔2021〕4号）：符合被动房建筑标准建设的居住建筑，因墙体保温技术增加的外墙外保温层、墙面抹灰和装饰面等均不计算建筑面积，不计入容积率核算范围；被动房建筑在办理商品房价格备案时，在其普通商品房价格的基础上，可以上浮25%以内。

海南省

海南省住房和城乡建设厅印发《海南省住房和城乡建设事业"十四五"规划》（琼建法〔2021〕307号）：到2025年，建成超低能耗建筑10万m²。探索超低能耗、近零能耗、低碳建筑发展，发展绿色农房，实施绿色建筑统一标识制度。

四川省

成都市人民政府办公厅印发《成都市优化空间结构促进城市绿色低碳发展政策措施》（成办发〔2022〕37号）：设立绿色建筑发展资金，对达到高星级（二星级及以上）绿色建筑、A级及以上标准装配式建筑等示范项目和获奖项目给予最高不超过100万元补贴，对符合超低能耗建筑标准的示范项目给予最高不超过300万元补贴。

凉山彝族自治州人民政府办公室印发《凉山彝族自治州支持建筑业企业发展十二条措施》（凉府办发〔2022〕37号）：对二星级、三星级绿色建筑、超低能耗建筑项目以及高装配率、智能建造示范项目给予一次性50万元奖补。

阿坝藏族羌族自治州人民政府办公室印发《阿坝藏族羌族自治州促进建筑业高质量发展的实施意见》：对企业承建项目获得二星级、三星级绿色建筑，超低能耗建筑，高装配率建筑及智能建造示范项目的，分别给予10万元、20万元、10万元、20万元、10万元的一次性奖补。

陕西省

陕西省人民政府办公厅印发《陕西省"十四五"生态环境保护规划》：到2025年，高品质绿色建筑比例稳步提高，低能耗建筑达到100万㎡。

陕西省住房和城乡建设厅、陕西省发展和改革委员会印发《陕西省"十四五"住房和城乡建设事业发展规划》（陕建发〔2021〕1085号）："十三五"期间，陕西省建设被动式低能耗建筑55.69万㎡；到2025年，发展超低能耗建筑100万㎡，建筑能耗和碳排放增长趋势有效控制。

西安市人民政府办公厅印发《推动智能建造与新型建筑工业化协同发展实施方案》（市政办发〔2022〕6号）：到2025年，累计可再生能源利用建筑面积不低于1 400万㎡，超低能耗示范项目建筑面积不低于40万㎡。

西安市人民政府办公厅印发《"十四五"时期"无废城市"建设实施方案》：建设超低能耗建筑，建立超低能耗建筑技术标准体系，率先在条件允许的地区开展建设试点。到2025年，西安市建成超低能耗建筑面积达到60万㎡以上。

西安市住房和城乡建设局印发《关于进一步做好绿色建筑建设管理工作的通知》（市建发〔2022〕233号）：超低能耗建筑，2025年达到60万㎡以上。

甘肃省

甘肃省住房和城乡建设厅印发《关于加强建筑节能、绿色建筑和装配式建筑工作的通知》（甘建科〔2022〕78号）：2022年，新建建筑全面执行建筑节能强制性标准。城镇新建建筑中绿色建筑面积占比达到70%，各市州建设不少于2个绿色建筑或超低能耗建筑示范项目。

宁夏回族自治区

宁夏回族自治区财政厅、宁夏回族自治区住房和城乡建设厅印发《宁夏回族自治区太阳能建筑一体化现代农房建设项目资金管理暂行办法》（宁财规发〔2023〕8号）：新建、改造农村住宅达到零能耗（负碳），补助1 000元/㎡；新建、改造农村住宅达到近零能耗，补助800元/㎡；新建、改造农村住宅达到超低能耗，补助600元/㎡。但每户补助资金最高不超过8万元。

新疆维吾尔自治区

乌鲁木齐市建设局印发《关于进一步推进我市装配式建筑绿色建筑等高质量发展的实施意见》（乌建规〔2023〕2号）：以土地招拍挂方式取得国有土地使用权且地上建筑面积在10万㎡以上的商品房开发项目，项目中应建设一栋以上且不低于总建筑面积3%的超低能耗建筑或近零能耗建筑；以土地招拍挂方式取得国有土地使用权且地上建筑面积在20万㎡以上的商品房开发项目，项目中应建设一栋以上且不低于总建筑面积5%的超低能耗建筑或近零能耗建筑。

02 项目篇

—项目单体实景图

大连市传染病医院扩建项目综合服务楼

黄 超 徐 辰 田宇飞 乔 盟

都市发展设计集团有限公司

摘要

大连市传染病医院扩建项目综合服务楼是全面按照中国GB/T 51350—2019《近零能耗建筑技术标准》德国被动房（PHI）认证标准以及绿色建筑评价标准进行设计与建设的绿色低碳节能建筑。项目作为示范建筑，主要展示中国近零能耗建筑及德国被动房的前沿技术和高新技术的研发、运用、监测和运维，是践行碳中和理念、推进城市更新行动，以及激发建筑业高质量发展的重点示范工程。

关键词

近零能耗建筑；被动房；公共建筑；外墙保温集成；TABS智慧蓄能

一、概况

大连市传染病医院扩建项目综合服务楼位于大连市结核病医院南院区，毗邻大连市传染病医院（大连市第六人民医院），场址位于大连市甘井子区桧柏路东侧，周边交通便利，基础设施条件成熟。北侧为山林地，西侧紧邻48 m宽城市绿化带，东侧为山林地。项目建筑面积4 000 m²，配套地上连廊及附属用房1 000 m²。半地下1层，地上6层。具备科研教学、办公休息、远程会诊、后勤保障等功能，主要承载科研任务，如遇重大疫情，可以无缝转换为医护人员休整备勤区域，满足紧急情况下（疫情期间）医护工作人员休整使用要求。

项目于2021年9月通过了由中国建筑科学研究院组织的专家评审，在中国建筑节能协会官网进行公示并通过。2021年12月20日在北京举办的"第八届全国近零能耗建筑大会"上获得近零能耗建筑标识证书及奖杯，是辽宁省第一栋获得近零能耗建筑测评认证的标识项目。

二、技术方案

本项目具体技术包括：高性能保温系统；高性能门窗系统；优良气密性；无热桥设计；自学习楼板蓄能系统；高效热回收新风系统；置换式地板送风系统；基于物联网云平台的智能遮阳与照明控制系统；可再生能源系统等。

综合服务楼可满足平时办公人员工作及紧急情况下医护人员休整期间的房间空气品质和舒适性要求。在保证任何条件下无差异化功能切换的前提下，实现全年维持恒温、恒湿、恒氧、恒静、恒洁的高标准舒适、健康及安全的室内环境品质。

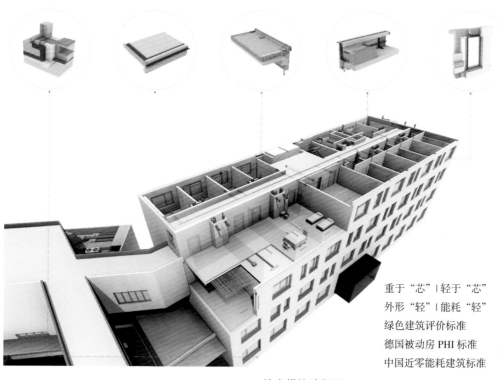

节点无热桥设计

自学习楼板蓄能系统

恒照度智慧工位灯

阳光追踪外遮阳

高性能门窗

热回收新风系统

连续气密层

高性能保温

重于"芯" | 轻于"芯"
外形"轻" | 能耗"轻"
绿色建筑评价标准
德国被动房 PHI 标准
中国近零能耗建筑标准

技术措施路径图

1. 建筑方案设计

通过优化空间布局，合理搭配景观、生态绿化等措施，满足夏季、过渡季的自然通风效果，无涡旋、无静风区，避免热岛效应。冬季增加日照，避免冷风对建筑以及室外人行区域的影响。

综合服务楼外形坚持近零能耗建筑设计理念，力求简洁规整，建筑主体呈矩形，减少不必要的转折或凹凸，体型系数仅为0.22，建筑表面积的减少利于实现近零能耗能效指标。外立面采用简洁明亮的现代式风格，外饰面采用浅白色质感涂料兼具高反射隔热，最大程度保证外墙保温完整连续、无破损，并带有耐潮、透汽、自清洁功能。

2. 高性能围护结构

（1）外墙保温做法

采用全新的外墙保温集成系统，与地面或工厂内将外墙、保温层及饰面层集成一体，通过吊装与结构主体连接的装配方式，有效规避了传统薄抹灰保温系统经常出现脱落、空鼓、开裂、渗漏等现象，大幅度缩短了施工人员高空作业时间，降低了施工安全风险。外墙外保温材料采用复合保温形式，分别为145 mm厚、导热系数为0.032 W/（m·K）的GEPS保温板，钢骨架内填塞80 mm厚导热系数为0.040 W/（m·K）的岩棉板。

（2）屋面保温做法

外保温材料采用最薄处280 mm厚、导热系数为0.025 W/（m·K）的硬泡聚氨酯喷涂；水平防火隔离带为50 mm厚，导热系数为0.065 W/（m·K）的泡沫玻璃板，宽度为620 mm。

（3）基底保温做法

建筑底板采用100 mm厚、导热系数为0.025 W/（m·K）的硬泡聚氨酯喷涂。

（4）外门、窗系统

外门、窗的玻璃采用三玻两腔5钢化+Low_E+16（90%氩气）+5钢化+16（90%氩气）+Low_E+5钢化中空玻璃。外窗的SHGC值为0.52（西侧为0.34），K值为0.85 W/（m²·K）。

（5）气密性设计

采用简洁的建筑造型和节点设计，减少或避免出现因气密性差而难以处理的节点。选择适用的气密性材料做节点气密性处理。对门洞、窗洞、电气接线盒、管线贯穿处等易发生气密性问题的部位，进行专项节点设计。

（6）无热桥设计

外墙板拼接处采用岩棉填塞预压缩膨胀海绵条密封，外表面粉刷耐侯涂料，屋面则是采用整体喷涂，避免保温材料间出现通缝。管道穿外墙部位预留套管并预留足够的保温间隙。

3. 暖通空调系统

本项目冷、热源由一台空气源热泵机组提供，满足建筑的全年冷、热负荷需求。采用双转轮式热回收新风机组，分设全热回收转轮、显热回收转轮，综合热回收效率为76.2%。采用自主研发的自学习智慧蓄能系统为室内提供必要的冷/热量。借助蓄冷/热能承压系统实现削峰填谷的节能运行策略。

自学习智慧蓄能系统（TABS）是由都市发展设计集团研发并持续优化的，基于AI线性回归算法的可预测自适应蓄热蓄冷系统，达到国际一流水平。

4 智能光环境及电气节能

本项目办公、会议、休息大厅等主要功能空间，采用智慧照明，依据环境光照情况调整亮度，并能根据全天时序与室外天光色温保持同步运行，智慧节能无须手动操作，利于使用者身心健康，同时帮助其提升工作效率，大幅降低建筑照明运行能耗。

同时，选用铝合金外遮阳百叶帘，配备基于物联网云平台的自动控制系统，能够做到在遮挡太阳直射和眩光的同时将阳光导入室内，保证建筑能效和室内光热舒适度的最佳平衡。

办公室、会议室等室内区域采用自带光感、人体感应的智能照明灯具，与外遮阳控制联动，依据环境光照，灯具自动调整亮度，保证工作面500 lx照度恒定。并结合人员占空状态，自动开关，实现自然采光与人工照明的协

调运行。

外遮阳百叶帘系统采用无线智能控制系统，实时感知天气阴晴、阴影遮挡、太阳轨迹，自动运行，无须控制布线，大幅改善室内光热环境。基于物联网云平台，遇到网络波动故障情况，自动远程报警，保证使用运行维护，营造健康、节能、舒适的室内光热环境。

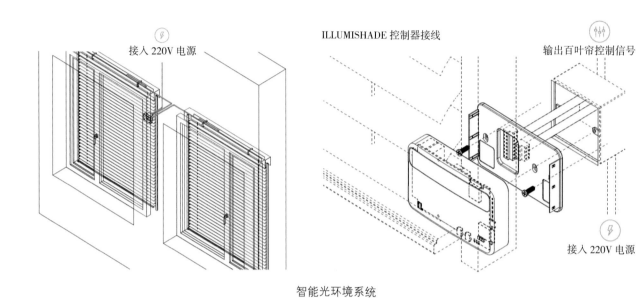

智能光环境系统

三、施工技术创新应用

1. 外墙保温集成系统

通过将外墙保温系统化设计，将钢结构骨架、填充岩棉、纤维水泥板、石墨聚苯板、饰面层集成在一起，能够实现在地面完成大部分保温作业，减少高空作业，安全可靠。在平面施工完成后进行吊装，能够有效控制质量，避免造成保温墙体脱落。本系统突破了墙体原有施工工序限制，不必等到墙体施工完成后才能进行保温作业，集成系统的生产加工可以与主体施工同时进行。主体结构完成后可立即进行安装，钢结构外围护与薄抹灰保温集成系统突破了传统施工工序的限制，可节省工期，提高

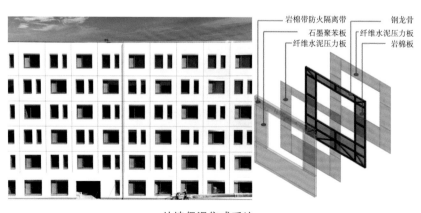

外墙保温集成系统

效率。

2. AI自学习智慧蓄能系统（TABS）

将辐射式管路预埋于楼板混凝土层中，利用混凝土蓄热、蓄冷及热惰性能，通过楼板辐射制冷和采暖。楼板蓄能系统基于气象预测，拥有自主学习、自我修正的能力。利用微型气象站及监控传感器实时采集气象数据、建筑本体数据、室内设计参数。通过AI算法推算实际供应能耗量及蓄能时间，通过运行数据持续修正，不断适应系统实际运行中的复杂因素，调整蓄能楼板的运行方式，使系统的运行趋于节能化、标准化、定制化。借助峰谷电价差优势，实现低成本、低耗能、高舒适性的使用需求。

AI自学习智慧蓄能系统

四、能效控制指标

1. 近零能耗建筑技术标准

本项目所在地大连市地处北半球中纬度地带，属于暖温带大陆性季风气候，三面环海，同时具有明显的海洋性气候特征。气候分区属于寒冷ⅡA地区。综合服务楼遵循（GB/T 51350—2019）《近零能耗建筑技术标准》针对公共建筑能效指标的要求进行设计与建造。项目采取"被动为先、主动优化、经济适用"的技术原则，使综合服务楼的使用性能与增量成本达到最佳平衡，大幅度降低项目运行能耗及后期运维成本。项目实现建筑综合节能率较现行标准降低68.12%，建筑本体节能率较现行标准降低55.96%，可再生能源利用率达到27.62%。

2. 德国被动房研究所PHI

本项目按照PHPP（passive house planning package）模拟计算，全年供热需求=13 kW·h/（m²·a），热负荷=11 W/m²；全年供冷需求=13 kW·h/（m²·a），冷负荷=8 W/m²；全年一次能耗消耗量为105 kW·h/（m²·a）；气密性设计值为在室内外±50 Pa压差下换气次数≤0.6 h/次。以上指标内容均满足被动房PHI标准的设计要求。

五、结论及展望

大连市传染病医院扩建项目综合服务楼建设过程中涉及设计、选材、施工、检测、运维五大板块，是都市发展设计集团独立自主研发式设计、智能化建设、全过程计算、智慧化运营的系统集成工程。以此为实践探索与突破口，为关联延伸产业的转型升级提供了项目示范与实践基础，同时也为相关技术规范及施工质量验收标准的制订提供了有力依据。

北京市建筑设计研究院 C 座节能绿色改造

康一亭[1, 2]，吴剑林[1, 2]，王丹阳[1, 2]，何荻[3]

1 中国建筑科学研究院有限公司，2 建科环能科技有限公司，3 北京市建筑设计研究院有限公司

摘要

北京市建筑设计研究院C座节能绿色改造项目最大限度地保留了原建筑主体结构，采用高性能保温体系和门窗，加强建筑围护结构热工性能；利用全自动控制电驱动外遮阳，提供高灵活性的遮阳系统；并在方案阶段综合考虑自然通风和自然采光的应用，降低建筑能耗。项目在低碳节能改造方面的增量成本约为 1 247 元/m^2，能源消耗量为 70.69 KW·h/（m^2·a），节能率达到63.87%。

关键词

节能改造；绿色减碳；增量成本；建筑能耗

一、概况

北京市建筑设计研究院C座节能绿色改造项目位于北京市南礼士路62号，北京市建筑设计研究院有限公司院区内中心偏东侧地块。项目总建筑面积8 652 m^2，其中地上建筑面积7 690 m^2，地下建筑面积962 m^2，建筑功能为办公。项目于2018年10月开工，2019年年底完成改造工作，2020年5月投入使用。

该建筑建成于1982年，经过30多年的使用，已出现楼板开裂、钢筋外露、周边悬挑梁变形等问题。原围护结构保温性能失效，气密性能较差，节能效果不佳。能源系统和照明系统运行年限长，设备能效水平低，运行安全性和可靠性降低。建筑已经不符合现行国家标准的抗震能力要求和建筑节能要求，存在严重安全隐患和能耗偏高问题。由于其位于北京市核心区且南侧紧邻住宅楼，为避免施工过程中产生的噪声、粉尘、废弃物给周边居民生活带来不利影响。因此，在改造过程中不能开展大规模建筑外立面施工，

为了提高建筑绿色低碳发展水平，基于国内外绿色、健康、节能建筑标准，确定项目

北京市建筑设计研究院 C 座节能绿色改造项目

1~4层改造目标为LEED铂金级、WELL铂金级、健康建筑三星级，全楼改造目标为近零能耗建筑、绿色建筑三星级，旨在建造安全、近零能耗、智慧、健康建筑示范工程。北京市建筑设计研究院C座是国内首个绿色、健康、近零能耗建筑高标准的改造项目。建筑节能低碳改造应优先通过高性能围护结构系统降低建筑冷热需求，但考虑到建筑施工条件的限制，最终确定在原有围护结构外墙内侧增加内保温，以提升围护结构的保温性能。内保温在建筑关键节点工艺做法方面受较多因素影响，须重点把控。为了进一步降低建筑碳排放，建筑采用高效机电设备，充分利用可再生能源，结合智能化运维系统，达到绿色低碳运行效果。

二、技术方案

1. 围护结构被动节能改造

考虑到降低拆改过程中造成的碳排放和对周边环境的影响，方案采用了增加岩棉和STP真空绝热板作为内保温的方式，同时配备高性能外窗与遮阳系统，达到优化围护结构的目标。

改造前围护结构仅采用200 mm加气混凝土，其中东向和南向在2000年改造工程中增加了50 mm的聚苯板保温层，建筑门窗传热性能、气密性均较差。围护结构已不满足现行国家相关节能标准要求。受客观条件限制，无法在建筑外立面进行大规模施工，最终确定基于原有围护结构在外墙内侧增加内保温。

外墙保留原有200 mm加气混凝土外墙，在外墙内侧增加80 mm厚岩棉板和30 mm厚STP真空绝热板，外墙平均传热系数达到0.21 W/（m²·K）。同时，根据建筑方案和无热桥设计需求，在局部节点或造型位置增加STP真空绝热板，保障建筑保温性能和无热桥效果。屋面保温采用300 mm厚挤塑聚苯板，屋面平均传热系数达到0.14 W/（m²·K）。

外窗及外遮阳采用TP6（单银Low-e）+16Ar暖边+TP5+0.5V+TP5三玻中空，窗框采用铝合金隔热断桥铝型材，断桥铝型材表面采用氟碳喷涂，外窗整体传热系数达到1.0 W/（m²·K），外窗气密性等级达到8级，水密性等级达到6级。建筑南侧、东侧外窗设置室外电动百叶帘遮阳，室内每套外窗侧设置遮阳卷帘。

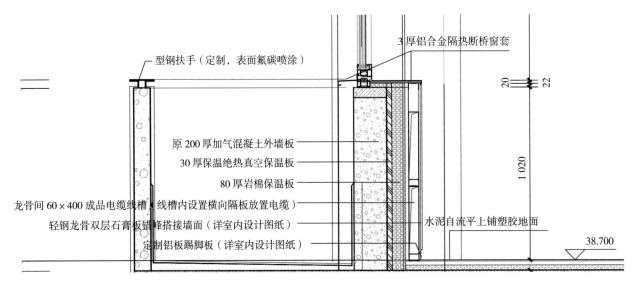

外墙大样图（单位：mm）

保证建筑屋面、外墙、地面、外窗等部位无热桥。建筑采用内保温方式，无热桥设计节点包括保温层连接部位、外窗与结构墙体连接部位、管道等穿墙或屋面部位，以及遮阳装置等需要在外围护结构固定可能导致热桥的部位等。

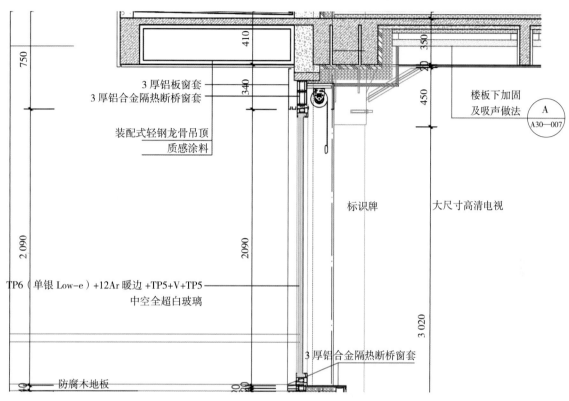

3 厚铝板窗套
3 厚铝合金隔热断桥窗套
装配式轻钢龙骨吊顶
质感涂料

标识牌
大尺寸高清电视
楼板下加固及吸声做法 A A30—007

TP6（单银 Low-e）+12Ar 暖边 +TP5+V+TP5 中空全超白玻璃

3 厚铝合金隔热断桥窗套

防腐木地板

外窗大样图（单位：mm）

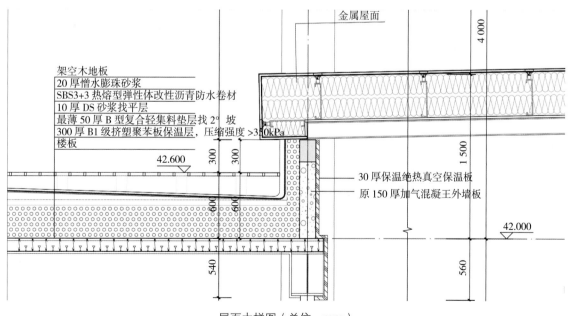

金属屋面

架空木地板
20 厚憎水膨珠砂浆
SBS3+3 热熔型弹性体改性沥青防水卷材
10 厚 DS 砂浆找平层
最薄 50 厚 B 型复合轻集料垫层找 2° 坡
300 厚 B1 级挤塑聚苯板保温层，压缩强度 >350kPa
楼板

42.600

30 厚保温绝热真空保温板
原 150 厚加气混凝王外墙板

42.000

屋面大样图（单位：mm）

选用高性能的门窗，外门窗气密性等级达到8级。在建筑设计和施工过程中，保障关键节点的性能，对建筑风道、给排水管、电缆、空调水管、雨水管等孔洞位置均进行有效密封。

2. 冷热源系统改造

项目改造前采用市政热力和冷水机组提供冷热源，改造后重新匹配冷热源机组，采用4台模块式空气源热泵主机，热泵额定性能（COP）制冷系数达到3.75，制热系数达到4.2。每台空气源热泵主机有4个机头，可以逐级进行调节，4台主机共可按照16级变频调节。建筑末端采用"风机盘管+新风系统"，新风热回收系统全热回收段效率为75%，当过渡季室外温度低于28℃，相对湿度低于60%时，采用自然通风方式。

3. 照明系统改造

室内照明灯具更换为高效LED节能灯具并配套智能化照明控制系统，实现分区分组、人感和光感控制。项目改造前照明系统以普通白炽灯和节能灯为主，手动控制，照明系统节能潜力较大。项目改造后主要功能房间的照明功率密度为4 ~ 6.5 W/m²。同时，增加智能照明控制系统，按建筑使用条件和天然采光状况采取分区、分组控制措施。

太阳能光伏系统

4. 可再生能源应用

为了进一步达到近零能耗和近零碳排放的目标，结合建筑造型和屋面条件，在充分考虑建筑光伏一体化的前提下，采用屋顶太阳能光伏系统，光伏设计面积为400 m²。根据北京市气象条件，全年发电量约为66 014 kW·h，屋面光伏系统全年发电量可满足节能需求。同时，室内布置绿植墙面和盆栽增加建筑碳汇，间接降低建筑的碳排放量。

5. 建筑智控系统

采用智能化监控运维系统对建筑室内环境参数、室外环境温度和建筑能源系统进行实时监测，准确反映建筑的用能情况，监测能源系统运行状态，实现建筑的最佳使用效果。在建筑室内和室外设置温度、湿度传感器，监测环境舒适度。在冷热源系统、能源系统末端等关键部位设置温度、流量、压力传感器，通过监测能源系统的数据，设置合理的系统运行方案，完成自动控制。同时，在建筑会议室和公共区域设置人感和光感传感器，实现照明系统的智能控制。外窗和外遮阳采用自动控制方式，通过室外日照情况和室内人员情况，设定合理的控制方案，集中自动控制。通过监测数据远程传输等手段及时采集分析能耗数据，实现在能耗监测平台上对能耗统计结果进行分析展示的效果。

6. 管理模式创新

项目改造期间采用全过程管理模式，从方案设计、施工图设计、建筑施工、系统调试、建筑运行阶段制定技术方案，应用一体化管理流程，组织各个专业和领域的工作人员开展项目研讨会，相互协调和响应不同专业的需求。监督实施过程，保障实施效果。

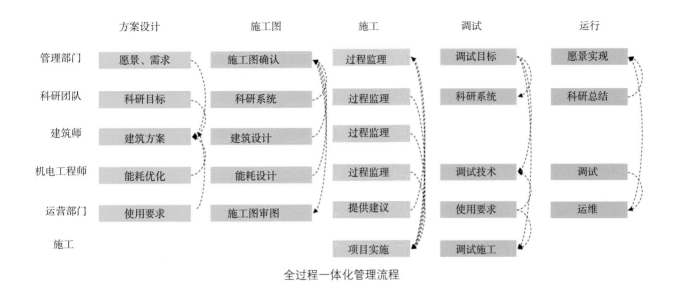

全过程一体化管理流程

三、实施效果

1. 节能降碳效果

改造方案以满足GB 50189—2015《公共建筑节能设计标准》节能要求的建筑作为参照建筑，参照建筑能源消耗量为195.68 kW·h/（m²·a），本项目建筑能源消耗量为70.69 kW·h/（m²·a），节能率达到63.87%。根据碳排放计算结果，常规节能参照建筑碳排放强度为5 583 kgCO₂/m²，本项目通过采用多项绿色低碳技术后碳排放强度下降30.32%，降碳效果显著。其中隐含碳排放强度为1142 kgCO₂/m²，运行碳排放强度为2 748 kgCO₂/m²，运行碳排放占比为70.64%。

2. 经济与社会效益

项目改造投资约1 331万元，相比常规建筑，改造建筑在根据GB 50189—2015《公共建筑节能设计标准》建造基础上，投资费用增加了925.28万元，增量成本为1 247元/m²。

建筑节能低碳改造增量成本表 单位：万元

序号	单项名称	项目改造投资费用	常规建筑投资费用
1	外保温	242.59	123.57
2	外门窗 + 遮阳	496.26	107.84
3	冷热源机房设备	265.26	0
4	热回收机组设备	74.84	51.54
5	照明灯具部分	198.14	122.86
6	光伏发电	54.00	0
合计		1 331.09	405.81

既有公共建筑已成为我国建筑节能改造的重点，其具备节能改造的相关潜力。本示范项目为其他公共建筑节能改造项目提供了新技术应用参考，从而引导更多的既有公共建筑以高标准提升建筑性能。为了进一步提升建筑节能水平，强化建筑的综合性能，延长建筑使用寿命，应积极推动并大量推广该节能减碳改造模式。

四、特点介绍

本次改造最大限度地保留了原建筑主体结构，在对原主体结构进行加固改造的基础上，对建筑方案进行了优化设计，采用高性能保温体系和门窗加强建筑围护结构热工性能，利用全自动控制电驱动外窗和外遮阳提供高灵活性的遮阳系统，并在方案阶段综合考虑自然通风和自然采光的应用，降低建筑能耗需求。建筑能源系统以空气源热泵系统作为独立冷热源。

利用高效LED灯具及智能照明控制系统降低建筑照明能耗，全楼机电设备设施完成了更换，对全楼进行装修改造，绿色化改造。建筑充分利用可再生能源，设置400 m²的屋面光伏系统为公共区域照明供电，以进一步达到建筑近零能耗和近零碳的目标。

建筑改造应用健康建筑元素，通过在空调系统设置活性炭过滤、高压静电除尘等空气净化装置来保障室内空气质量；全楼设置直饮水净化系统为员工提供便捷、干净的饮水；室内采用健康高质量光源，提供舒适的光环境；办公区配备人体工程学工位，公共区域设置健身工位，鼓励健康的工作方式；建筑应用智能化监测系统，实现空气质量监测、水质在线监测、照明分区分组控制、楼宇设备自动化运维等功能。

项目实景图

湖州余不谷开元度假酒店近零能耗建筑项目

苏业炜　刘任驰　刘冀宣

伟大集团建筑设计有限公司

摘要

湖州余不谷开元度假酒店（原名：神农建康谷一期酒店）近零能耗建筑项目是按照国家标准GB/T 51350—2019《近零能耗建筑技术标准》及二星级绿色建筑评价标准进行设计与施工的绿色低碳节能建筑。

关键词

近零能耗建筑；绿色建筑；公共建筑（酒店）；创新

湖州余不谷开元度假酒店近零能耗建筑项目位于湖州市东林镇96号南山村、三合村之间地块。场地村道直达，交通便利。项目总用地面积为13 379.95 m²，总规划建筑面积22 155.29 m²，其中地上建筑面积18 412.88 m²，地下面积3 742.41 m²，容积率1.3，建筑密度40%，绿地率22%，建筑高度21.9 m，停车位80个。本项目由3栋建筑组合而成。酒店客房主楼地下1层，地上6层，餐饮和酒店大堂分别在地上2层和3层。项目总投资31 000万元，由伟大集团投资开发、设计、施工和运营。

二、技术方案

1. 关键技术指标

技术指标1

	设计参数	冬季	夏季
室内环境	1. 室内温度要求 /℃	≥ 20	≤ 26
	2. 室内相对湿度要求 /%	≥ 30	≤ 60
能效指标（公共建筑）	1. 建筑综合节能率 /%	64.04	≥ 60
	2. 建筑本体节能率 /%	32.75	≥ 20
	3. 建筑气密性	—	—
	4. 可再生能源利用率 /%	46.53	≥ 10

技术指标2

单位：W/（m²·K）

	技术指标	设计值	基准值（标准限值）
围护结构	屋面传热系数	0.14	0.15 ~ 0.35
	外墙传热系数	0.22	0.15 ~ 0.40
	地面/地下室顶板传热系数	0.16	—
	外窗传热系数	1.00	≤ 2.2

2. 高性能围护结构

围护结构热工性能指标符合GB 50189—2015《公共建筑节能设计标准》、GB/T 51350—2019《近零能耗建筑技术标准》，建筑整体采用高气密性和无热桥设计。

（1）外墙保温

外墙采用160 mm岩棉保温材料，传热系数K=0.22 W/（m²·K）。

（2）屋面保温

屋顶采用200 mm挤塑聚苯板保温材料，传热系数K=0.14 W/（m²·K）。

（3）被动式门窗及幕墙

高保温隔热性能的透明外围护结构，门窗及幕墙玻璃使用三层带双层low-e镀膜的玻璃，中空处充入稀有气体，窗户K=1.0 W/（m²·K），可以有效遮挡夏季阳光辐射和热传导，避免室内升温。

（4）固定外遮阳

采用穿孔铝板有效阻挡太阳直接辐射和漫辐射。

3. 可再生能源利用

屋顶设置太阳能光伏电池板，布置面积总计为510.5 m²，装机容量为101.6 kW。客房热水系统的制热设备采用太阳能和空气源热泵机组相结合的方式。在屋顶摆放集热板，总集热器面积为238.65 m²。可再生能源提供生活热水的比例为全部用水的52.81%。

外围护结构展示图

三、暖通设备与系统

两套中央空调系统，一套是直冷式多联机系统，供先期建设的酒店客房外的被动房区域使用，机组总制冷量253 kW，总制热量283 kW。系统连接率小于110%，制热化霜系数0.8。另一套系统为风冷式半集中式空调系统，主机选用模块化风冷热泵冷热水机组，总制冷量650 kW，总制热量710 kW。考虑室外气温过低时，热泵供热效果差，另配60 kW辅助电加热器。末端设备选用风机盘管或卧式暗装风柜。在新风机房分别设置了全热新风换热机组，显热回收效率85%，全热回收效率60%。

四、运行控制策略

1. 分项计量

根据用电分项计量的原则，按照照明、空调、电梯、厨房动力、各类泵房、消控室、弱电机房、充电桩、变电所等不同功能类型用电设备分别设置计量装置。

2. 智能控制系统

照明系统采用分区、定时、感应等节能智能控制措施。室内采用调节方便、可提高人体舒适度的空调末端，卫生间等区域设置机械通风系统，形成负压，避免串味。对人员密度较高且随时间变化大的空间设室内CO_2浓度监测系统，并与新风机或排风机连锁控制。空调机组通过设于新风总管及回风总管侧的电动风阀调节，根据回风温度变频控制风量，平时为最小新风量运行，过渡季节可实现全新风运行。大空间区域全空气系统过渡季节工况采用全新风空调方式。空调系统预冷时均切换为全回风运行。

五、技术创新

据项目的地域环境和度假酒店的特性采用适应性系统设计。

1. 根据各功能分区特性采用不同节能标准设计

酒店大堂和客房属于不间断性使用部分，且室内环境品质要求高，能耗较大的建筑部分，采用近零能耗建筑标准设计。餐饮和会议中心属于间歇性使用部分，能耗占比相对较小，采用65%节能建筑标准设计。

2. 客房空调功率合理配置

客房因受入住情况不确定因素影响，无客人时空调基本关闭，但有人入住时需及时满足客人对温度的需求，因此客房空调功率不能按近零能耗建筑整体计算标准配置，需适当进行提高。

3. 除湿设计

南方地区湿度较大，特别是在梅雨季节，如果仅靠空调制冷除湿，对于高大空间建筑效果不显著，且热舒适性较差。需要利用新风系统加大除湿功能。

4. 与环境和谐共生

运用被动式微环境生物气候设计方法，综合考虑环境因素和生物气候，合理利用自然资源和能源，包括适应和利用气候、阳光、水、植物等自然因素，设计室内外微空间的新生态环境。为达到提高建筑物的舒适度和能源效率，同时达到降碳和可持续的目的，在酒店主入口和中庭设有流动水景，在酷热的夏季，水景中的水具有吸热的作用，水在流动和蒸发时会形成微气流带走微空间中的热量，既可对邻近的玻璃幕墙起到对流散热的作用，又可形成良好的景观视觉效果，带给客人舒适的体验感。

5. 充分利用自然采光

大面积采用玻璃幕墙，解决大进深公共建筑自然采光差的问题。玻璃幕墙外的镂空遮阳板对外立面具有很好的装饰效果，同时具有遮阳作用。阳光透过遮阳板的孔洞照到室内，在不同的时间段、不同的空间，还营造出生动、迷幻的光影效果，可谓一举多得。

室内自然采光图

六、结论

项目获得中国建筑节能协会2020年近零能耗建筑设计认证，二星级绿色建筑设计认证。

公共建筑一般具有规模较大、使用功能多样、建筑形态复杂以及运营管理难度大的特性，因此不能机械套用GB/T 51350—2019《近零能耗建筑技术标准》进行设计和运营。应因地制宜，针对不同气候区、不同建筑类型和不同立面装饰设计，通过分析问题的关联性，采用系统化、一体化的解决策略，最终实现建筑能碳双控和提高舒适性，满足建筑在艺术、功能、性能和经济等方面协调统一。

项目实景鸟瞰图

多层住宅实景图

中德生态园被动房住宅推广示范小区项目

马婷婷　王　超

青岛市公用建筑设计研究院有限公司

摘要

中德生态园被动房住宅推广示范小区项目是依据德国被动房（PHI）认证标准及绿色建筑评价标准进行设计与建设的绿色低碳节能建筑。项目于2018年12月竣工，短短几年内荣获了被动式超低能耗建筑设计、近零能耗居住建筑示范工程、科技示范工程等众多奖项。

关键词

被动房；近零能耗建筑；居住建筑；自主研发

一、概况

中德生态园被动房住宅推广示范小区位于青岛市黄岛区，占地面积约为37 559 m²，包括低层住宅、多层住宅、社区服务中心、半地下沿街商业和地下车库。总建筑面积为69 027.63 m²。低层住宅地上3层，地下1层；多层住宅地上6层，6层以上为阁楼层，地下1层。

二、技术方案

采用的技术主要包括保温隔热性能更高的非透明围护结构、保温隔热性能和气密性能更高的外窗、无热桥设计、建筑整体高气密性、高效新风热回收系统、地源热泵、空调自动控制系统、光伏发电、电动百叶遮阳帘、室内空气品质监测系统、直饮水系统等。

1. 建筑方案设计

规划空间设计遵循"一核两园，轴带相连，绿脉渗透，空间延续"的理念。在园区空间设计时进行了数值模拟，保证建筑室内外的日照环境、采光和通风满足要求。建筑朝向为南北向，布局考虑到形成室内对流通道，充分利用自然通风，降低夏季及过渡季能耗。户型平面力求方正，尽量减小体形系数，降低能量损耗。

2. 高性能围护结构

采用高性能的围护结构，同时东、西、南朝向的外窗上部均设置金属电动百叶外遮阳帘，并在各立面设置气象小站，可根据太阳高度角、风速、风向等气象条件调节遮阳帘百叶的角度，在夏季降低太阳辐射得热，减少空调负荷。依据PHPP能耗计算结果，充分优化外围护结构的保温厚度。对关键部位如门窗洞口、管道穿墙洞口、风井等部位进行气密性和断热桥处理。经实际检测，建筑室内外50 Pa压差下换气次数为$n50=0.5$ h。加强对建筑阳台、墙角、屋顶等围护结构热桥薄弱部位的保温，防止其结露、发霉，提高室内居住舒适性及健康性，减少建筑热损失，降低建筑能耗。

外围护结构保温措施及传热系数

	传热系数 / W·(m²·K)⁻¹	热惰性指标 /D	主要保温措施
外墙	0.22	6.026	石墨聚苯板厚 230 mm，导热系数 $\lambda=0.033$ W/（m·K）
屋面	0.11	7.566	B1 级挤塑板保温厚 300 mm，$\lambda=0.030$ W/（m·K）
分隔供暖和非供暖楼板	0.17	5.721	板上 B1 级挤塑板保温 150 mm，$\lambda=0.030$ W/（m·K）；板下岩棉保温厚 50 mm，$\lambda=0.040$ W/（m·K）
分隔供暖和非供暖隔墙	1.05	2.907	玻化微珠保温浆料厚 20 mm，$\lambda=0.070$ W/（m·K）
外窗	0.80	—	三玻双中空铝包木外门窗 Low-E6+12Ar+6+12Ar+6

3. 暖通空调系统

采用地源热泵供冷、供热及制备生活热水，以单元为负荷单位设置地埋孔并设置一个对应的专用地源侧水泵房，每个单元内共用地源侧水系统，各单元地源侧水系统相互独立。选用专为低能耗建筑自主研发的整体式水地源热泵新风机组，是集新风、空调、除湿、生活热水于一体的集成系统整体式水地源热泵新风机组，均置于户内。该机组额定制冷系数（COP）≥4.1；显热换热效率≥75%，全热换热效率≥70%；进风口过滤等级不低于G4+F7，采用PM2.5高效过滤网H11；新风及排风管路设置保温气密电动阀，并与机组内新风机及排风机联动；新、排风机及压缩机均采用无级变频控制，可根据室内温度、湿度、挥发性有机化合物（VOC）及CO_2浓度实现变频控制，每个房间可以单独控制温、湿度；实现就地控制及远程控制，并能通过变频调节压缩机的转速满足室内的负荷变化，以达到节能的目的。

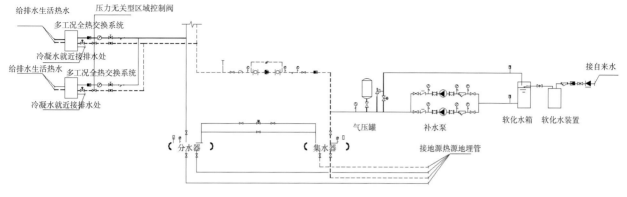

地源热泵系统示意图

4. 智能控制系统及电气节能

为了满足后期运行过程中设备的调控需求，项目地源侧循环水泵根据各单元的负荷变化变频运行，同时入户支管设置压力无关型区域控制阀，使各户流量分配满足使用要求。整体式水地源热泵新风机组实现控制模式包括就地控制及远程控制，并能通过变频调节压缩机的转速满足室内的负荷变化，以达到节能的目的。该机组也可以根据室内的CO_2浓度、VOC及PM2.5的监测参数实现新、旧排风机的变频运行，以满足室内空气品质要求；同时可实现停机时，联锁关闭新、旧排风管上的保温气密电动阀，防止冷风侵入。

主要功能房间照明功率密度遵循GB 50034—2013《建筑照明设计标准》目标值要求进行设计；光源选用三基色荧光灯，配电子镇流器或带无功补偿的高效电感镇流器，采取分区控制灯光，适当增加照明开关点；楼梯间照明采用节能自熄开关，应急照明应有应急时强制点亮的措施。屋面设置光伏发电系统，充分利用可再生能源。

5. 施工把控

施工把控是确保建筑质量、节能性能以及居住舒适度的重要环节。被动房与常规建筑施

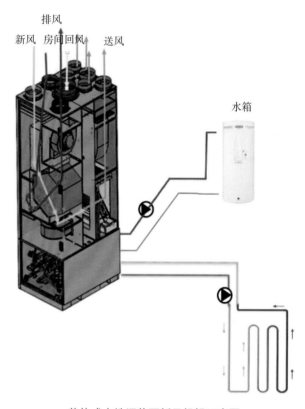

整体式水地源整泵新风机组示意图

工最大的差异主要是热桥节点、气密性处理、施工工序、建材与设备的采购四大方面。为保证施工质量，设计时将对节点的处理和建材的参数在图纸中明确表达；在进行施工交底时明确特殊节点的施工要点、施工工序；在施工过程中，有专业的人员对各节点施工质量进行全程把控，及时整改不满足要求的节点，确保符合施工要求。

三、运行效果

采用德国被动房规划设计软件PHPP（passive house planning package）计算建筑能耗，该项目年供暖需求为9 kW·h/（m²·a），年供冷需求为21 kW·h/（m²·a），一次能源需求为60 kW·h/（m²·a），满足德国被动房PHI标准的设计要求。

为了获取建筑真实运行数据，并对各系统运行进行评估分析，小区内的住宅建立了完善的建筑能耗监测系统。系统可以实现对建筑照明、插座、暖通空调、生活热水和其他用电系统设备的耗电量进行计量，同时对空调设备冷水侧、冷却水侧的供回水温度、流量、供冷供热量进行计量，所有计量设备具有数据远传功能，按照设定频率，将采集到的参数上传至中央能耗监测平台。

通过分析整体式水地源热泵新风机组、地源侧水泵耗电量，得知本项目实际年供暖需求为32.2 kW·h/（m²·a），年供冷需求为14.5 kW·h/（m²·a）。实测值与能耗模拟值存在差异的原因主要包括三个方面。

一是设计与实际运行的差异，能耗模拟计算过程中设置了符合设计要求的气密性指标。但在实际运行时，由于习惯、心理需求等原因，我国居民冬季仍习惯于开窗通风，大幅增加了供暖能耗。二是烹饪习惯导致的误差，我国居民烹饪习惯导致冬季厨房大量补风。三是启用时间导致差异，模拟计算夏季空调24小时运行，实际上多数人在室内后才开启空调，或者习惯优先开启风扇降温。

四、结论

德生态园被动房住宅推广示范小区项目从方案、设计、施工、监测及检测、运行维护等多方面进行把控，实现了多学科领域的最新研究成果与建筑的一体化，全面展示了具有中国特色、时代特征的生态建筑理念和集成创新技术体系。

项目效果图

中国电子科技集团公司第三十六研究所新能源、电子项目二期 12 号楼

沈陆巍　沈　洁　缪卫平　陈永兴

宏正工程设计集团股份有限公司

摘要

中国电子科技集团公司第三十六研究所新能源、电子项目二期12号楼主动房屋（近零能耗建筑）工程是按照中国GB/T 51350—2019《近零能耗建筑技术标准》，德国被动房（PHI）认证标准，欧盟主动房（AH）认证标准以及绿色建筑评价标准进行设计与建设的绿色低碳节能建筑。作为中国和奥地利合作的项目，主要展示中国近零能耗建筑、欧盟主动房、德国被动房的建筑理念，高新技术的研发、应用、监测和运维。本项目是国内第一栋主动房和被动房双认证建筑。

关键词

近零能耗建筑；被动房；主动房；办公建筑；精确计算；自主研发

中国电子科技集团公司第三十六研究所新能源、电子项目二期12号楼主动房屋（近零能耗建筑）工程项目位于嘉兴市秀洲工业园区，嘉铜公路东侧、桃园路北侧、杨家港西侧中国电子科技集团公司第三十六研究所新能源、电子项目园区内。园区占地5 995.5 m²，东西长约100 m，南北长约62 m。12号楼位于场地中心广场西侧，项目建筑面积3 723 m²；建筑基底面积978 m²。地上3层，地下1层。

技术方案包括高性能保温体系、高性能门窗、优良气密性、无热桥设计、地源热泵系统、高效双转轮热回收新风机组、吊顶辐射条系统、电动智能遮阳系统、设备环境智能化控制与监测管理系统、导光管系统、太阳能光伏技术等。

1. 建筑方案设计

（1）体形系数

该项目按照被动房及近零能耗建筑技术理念设计建造，体形系数仅为0.21。

（2）窗墙比

项目各立面窗墙比实际值南偏东（22°）为0.24，西偏南（22°）为0.12；东偏北（22°）为0.22；北偏西（22°）为0.19，均低于标准限值。

2. 高性能围护结构

（1）外墙保温做法

外增外保温材料采用200 mm厚导热系数为0.033 W/（m·K）的石墨聚苯板和240 mm厚导热系数为0.033 W/（m·K）的加气混凝土砌块（B06级），层间采用导热系数为0.040 W/（m·K）的岩棉板作为层间防火隔离带。外表面采用硅树脂涂料，具备自清洁特性。

（2）屋面保温做法

外保温材料采用180 mm厚导热系数为0.032 W/（m·K）的EPS保温板，保温层下铺设1.2 mm厚的隔汽卷材，保温层上分别铺设4 mm、3 mm厚两层SBS防水卷材。隔汽层下铺设最薄100 mm厚轻集料混凝土碎块。

（3）外门窗系统

铝包木多腔密封窗框，玻璃为4 mm钢化玻璃+9 mm暖边氩气+5 mm钢化玻璃+0.3 mm真空+5 mm钢化玻璃LOW-E；传热系数<1.0 W/（m²·K），遮阳系数0.55，气密性为8级，可见光透射比0.68。

（4）天窗系统

80%玻璃纤维+20%聚氨酯窗框，传热系数<1.0 W/（m²·K），遮阳系数0.44，气密性为8级。

（5）气密性设计

采用简洁的建筑造型和节点设计，减少或避免出现气密性难以处理的节点。选择适用的气密性材料做节点气密性处理。对门洞、窗洞、电气接线盒、管线贯穿处等易发生气密性问题的部位进行专项节点设计。

（6）无热桥设计

外墙及屋面采用双层保温错缝粘接法。

3. 暖通空调系统

（1）冷热源设计

冷负荷共120 kW，2台地源热泵，1台60 kW用于辐射制冷，供回水温度18～21℃；

1台60 kW用于新风除湿，供回水温度7～21℃。管材：地源侧采用PE管，热熔连接；用户侧采用镀锌钢管，螺纹连接。地埋管井数量36口，De32管单U，井深100 m。单位延米热量50 W/m（夏季）、40 W/m（冬季），除湿后新风再热利用显热转轮热回收。

（2）末端及新风系统

新风系统选用双转轮式热回收新风机组，分设全热回收转轮、显热回收转轮，综合回收效率77%，承担显热负荷、新风湿负荷和室内湿负荷，满足室内新风量及房间湿度的要求，新风量6 500 m³/h，转轮全热回收（效率77%），转轮显热回收（效率24%～75%）机外余压450 Pa，除湿最大负荷64 kW，末端辐射条采暖制冷。制冷（热）量472 W。

4. 电动智能遮阳系统

智慧遮阳节能设计，外窗及天窗设置活动式织物电动遮阳窗帘，能够做到遮挡太阳直射和眩光的同时将阳光导入室内，具有高遮阳率、高透光率、跨度大及强抗风压性能。

5. 设备环境智能化控制与监测管理系统

监测内容包含：全楼的总耗电量、光伏板的总产电量、空气质量监测、CO_2浓度监测、PM2.5监测、温湿度监测。

6. 导光管系统

（1）日光集滤器

高弧形的SunCurve专利设计，捕捉更多光线，高效遮阳，减少紫外线射入。

（2）导光系统

高性能Mro Silver镜面反射系统，反射率高达99%。

（3）漫射器

优质的漫射效果使照明覆盖区域最大化。

导光管系统

7. 太阳能光伏可再生能源应用

屋面共安装太阳能光伏标准组件455块，每块组件最大功率均为300 Wp，总占地面积为745 m²。光伏发电系统年均发电量为158.6 MW/h，运营模式为自发自用，余量输送至电网。

屋顶太阳能光伏组件

三、运行控制策略

1. 辐射条吊顶

这是温度、湿度独立控制空调系统，即将室内热、湿负荷分开处理，新风系统控制湿度，室内末端控制温度的空调形式。

2. 夏季模式

制冷时，冷水流经辐射吊顶板，辐射板的表面温度降低，板表面温度低于室温，达到制冷效果。热量通过辐射从高能级的物体直接传给低能级的物体。辐射效果使得体感温度比实际温度低约2℃。

3. 冬季模式

在供热模式中，热水在辐射吊顶板内循环流动，吊顶板将热量辐射到室内。辐射的热量不仅加热了室内空间，也将建筑结构加热。

辐射条吊顶

4. 辐射条吊顶优点

夏季，辐射吊顶板的供/回水温度为16～19℃，冬季为32～35℃。以辐射为主，更贴近人体喜欢的传热方式（辐射方式占人体换热的40%～50%），室内水平方向的温度分布较为均匀，基本没有吹风感，不会有冷热不均的现象，噪声很小，可忽略能耗，运行成本很低，辐射系统相较于散热器和风机盘管理论上可以节能20%～40%，实现对室内温度、湿度的独立控制。

四、能效控制指标

1. 近零能耗建筑技术标准

浙江省嘉兴市地处夏热冬冷地区，近零能耗建筑技术指标按照国家GB/T 51350—2019《近零能耗建筑技术标准》、《近零能耗建筑测评标准》计算，建筑本体节能率39.10%，建筑综合节能率79.01%，可再生能源利用率74.11%。

2. 德国被动房研究所PHI

项目按照PHPP模拟计算，全年供热需求为8.36 kW·h/（m²·a），热负荷为8.83 W/m²；全年供冷需求为18.35 kW·h/（m²·a），冷负荷为7.35 W/m²；全年一次能耗消耗量为95.25 kW·h/（m²·a）；气密性设计值为在室内外±50 Pa压差下换气次数≤0.6 h。实际检测数据为0.16 h，以上指标内容均满足被动房PHI标准的设计要求。

3. 欧盟主动房

根据项目AH评估雷达图，评估得分在建筑节能、产能、主动感知和节约用水方面表现优异。

项目全景鸟瞰效果图

石首市丽天湖畔超低能耗住宅项目

陈 杰

丽天商业运营管理有限公司　丽天防水科技有限公司

摘 要

石首市丽天湖畔超低能耗住宅项目是按照湖北省《被动式超低能耗居住建筑节能设计规范》和住建部《被动式超低能耗绿色建筑技术导则（试行）》（居住建筑）、北京康居中心认证标准以及绿色建筑评价标准进行设计与建设绿色低碳节能建筑。主要展示超低能耗建筑被动房的前沿理念、高新技术研发和运用。

关键词

超低能耗；被动房；居住建筑；五大系统；精确计算；自主研发

一、概况

湖北省被动式超低能耗建筑住宅"丽天湖畔"示范项目位于石首市笔架山以南，陈家湖西路以西。规划用地面积27 825.17 m²，建筑占地面积6 275.97 m²，住宅共8栋，总建筑面积71 094.38 m²。

二、技术方案

具体技术方案包括高性能外墙保温体系、高性能铝塑共挤门窗、钢质复合入户门、无热桥设计、建筑整体的高气密性、高效率的全冷热交换新风系统、设备智能化控制与监测管理系统。

1. 建筑方案设计

（1）体形系数

该项目体形系数满足《湖北省低能耗居住建筑节能设计标准》，体形系数为0.4。

（2）窗墙比

该项目各立面窗墙比实际值，东面为0.19，南面为0.35，北面为0.23。

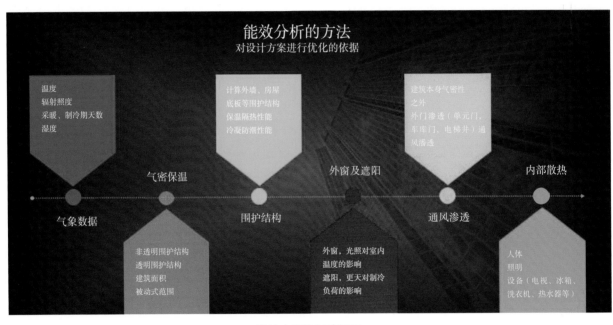

设计方案控制路径图

2. 高性能围护结构

（1）外墙保温做法

外墙保温材料采用150 mm厚，导热系数≤0.032 W/（m·K）的石墨聚苯（EPS）保温板，层间采用导热系数≤0.046 W/（m·K）的岩棉条作为防火隔离带，外表面采用合成树脂乳液砂壁状建筑涂料（又称：真石漆涂料）。

（2）屋面保温做法

外墙保温材料采用150 mm厚，导热系数≤0.032 W/（m·K）的石墨聚苯（EPS）保温板，水平防火隔离带为岩棉条，宽度为500 mm，保温层下铺设隔汽层，保温层上分别铺设3 mm、4 mm厚两层改性沥青防水卷材。

（3）外门窗系统

外窗、外门联窗采用三玻两腔（5高透low-e+16Ar+5+16Ar+5low-e暖边条）钢化中空玻璃。外窗导热系数≤1.2 W/（m·K）、自遮阳系数为0.34、气密性为8级。

（4）户门

钢质复合节能外门，气密性为9级、导热系数≤1.2 W/（m·K）、耐火完整性均≥0.5 h。

（5）气密性设计

采用简洁的建筑造型和节点设计，减少或避免出现气密性难以处理的节点。选择适用的气密性材料做节点气密性处理。对门洞、窗洞、电气接线盒、管线贯穿处等易发生气密性问题的部位，进行专项节点设计。

（6）无热桥设计

外墙及屋面采用外保温错缝粘接方式，避免保温材料出现通缝，保温层采用断热桥锚栓固定，与外墙接触构件都做断桥（聚氨酯隔热垫块）处理，管道穿外墙部位预留套管并留足够的保温空间。

3. 暖通空调系统

采用环控一体机系统，每户均设一台环控一体机，显热回收效率≥75%，冬、夏两季还具有供暖、供冷功能，承担室内冷热负荷，春秋两季可以仅提供新风或者自然通风，每户的卧室和客厅内均设置具有温度调节、风速调节功能的智能控制面板，可以实现对环境一体机

的温度及风量调节。环境一体机通过风道对卧室、书房、客厅等房间分别送风，各卫生间设置排风口，公共区域设置集中回风口，不设置回风口或过流口的房间，内门与地面净空留有20～25 mm的缝隙用于回风，当CO_2浓度、PM2.5等超标时，自动调节新风风量补充新风。

环境一体机由室内机、室外机和控制系统组成。厨房采用变压式排气道屋顶排放，采用机械排风、自然补风的通风方式。卫生间设置强制启动开关，强制启动环境一体机达到通风换气的目的。

每台环控一体机均设置温度控制装置和室内空气质量测试装置，可根据回风温度、CO_2、PM2.5浓度自动控制新风机的运行状态。

被动式超低能耗居住建筑冬季室内设计温度为20℃，夏季室内设计温度为26℃，供暖、供冷、通风系统的设定值按照建议值设置，避免过高或者过低。当冬季室内温度低于设定值时，室外机工作开始制热；当室内温度高于设定值时，室外机停止制热。夏季，当室内温度高于设定值时，室外机工作开始制冷；当室内温度降低于设定值时，室外机停止制冷。当室内CO_2浓度达到1 000ppm时，新风风机启动；当室内PM2.5浓度达到75 μg/m³时，启动新风机的内循环，对室内空气进行过滤净化。

三、控制运行策略

1. 制热工况（混风模式）

被动式超低能耗居住建筑冬季室内设计温度为≥20℃（入住率在70%以上），采用一体机采用制热模式。建筑内部湿度以及温度较低时，一体机启动工作进行采暖，达到热平衡所用时间在7～10天，室内温度达到热平衡后，一体机采用小档位（1～2档位）或者自动模式运行，业主根据自身的舒适要求设置温度。建议设置在20～22℃，自动模式运行后主机会根据

室内温度自动调节外机制热频率，达到节能减排的效果。

2. 制冷工况（混风模式）

被动式超低能耗居住建筑夏季室内设计温度≤26℃，采用一体机采用制冷模式。相对于制热模式，一体机制冷模式运行达到热平衡的时间会缩短，预计1～3天室内温度就会达到设计要求。达到要求后一体机采用小档位（1～2档位）或者自动模式继续运行，业主根

据自身的舒适要求进行温度设置，建议设置在24～26℃。自动模式运行时主机会根据室内温度自动调节外机制冷频率，达到节能减排的效果。

3. 内循环模式

内循环模式是针对室外空气质量严重超标情况下，才会开启，如重度雾霾、浓烟等。内循环模式不影响制冷、制热模式的正常运行，只是把新风功能关闭而已，这样不仅可以保证室内的空气质量，还可以减少更换滤网的次数，延长滤网使用寿命。

4. 纯新风模式

纯新风模式在过渡季节使用。春秋时节，冷热适宜，采用此模式不开窗也能享受新鲜空气，保证室内的空气清新。当然，空气质量好时也可以选择关闭一体机，开启窗户自然通风，在保证体感舒适的同时减少电能的消耗。

四、能效控制指标

石首市地处夏热冬冷地区，按照国家《被动式超低能耗绿色（居住）建筑技术导则》（试行），"丽天湖畔"项目超低能耗建筑技术指标如下表所示。

"丽天湖畔"项目超低能耗建筑技术标准表

项目	结果	被动房标准	替代标准	是否满足标准
供暖需求 / (kW·h)·(m²·a)$^{-1}$	14	15	—	是
供暖负荷 / (W·m^{-2})	11	—	10	
除湿与制冷需求 / (kW·h)·(m²·a)$^{-1}$	21	15+除湿要求	可变极限值	是
冷负荷 / (W·m^{-2})	8	—	10	
气密性测试结果 $n50 \leq 1$ h	0.6	0.6	—	是
可再生一次能源需求 PER/ (kW·h)·(m²·a)$^{-1}$	26	60	—	是

项目外景

南阳市卧龙区诸葛书屋桂花城 106 店

张杨洋　　郝长杰　　李巧巧

郑州大学综合设计研究院有限公司

摘要

城市书房是南阳市打造"书香南阳""低碳南阳"计划的重要一环，为完善公共文化服务体系，实施文化惠民工程，推进全民阅读，打造河南省副中心城市提供了精神动力和文化支撑。

关键词

超低能耗；公共建筑；可再生能源；建筑能耗监测；室内环境监控；智慧能源管理系统

一、概况

南阳市卧龙区诸葛书屋桂花城106店位于南阳市滨河路汉江路交叉口，建筑类别为多层公共建筑，主要用于开设书店，总建筑面积390.00 m²，建筑基底面积195.00 m²；项目为地上2层，室内外高度差为0.30 m；消防建筑高度为10.2 m，建筑形式为框架结构。

二、技术方案

对外墙屋面保温、被动窗采取高效的围护结构节能保温措施，进行气密性控制处理及无热桥处理，安装高效供暖空调新风一体机系统，利用太阳能光伏可再生能源及节能技术，改造室内环境、照明，通过能耗质量监测计量，结合智能化控制整体技术措施，达到优化建筑本体的建筑朝向、采光通风、遮阳、绿色低碳、超低能耗运行的目的。

书屋内景

1. 建筑方案设计

外墙外保温材料采用300 mm厚岩棉板，屋面保温材料采用220 mm厚挤塑聚苯板，地面保温材料采用220 mm厚挤塑聚苯板，外门窗及幕墙应用聚氨酯断桥铝合金T6+27A+T6LOW－E+0.3V+T6，传热系数为0.66 W/（m²·K）；门窗洞口、女儿墙、轻钢雨棚连接件、雨水管固定件、排气管出屋面等部位均进行热桥处理；建筑整体采取超低能耗气密性专项设计，门窗洞口、穿外墙管道、电气接线盒等部位增强建筑气密性保护；暖通系统采用热泵型新风一体机；照明灯具采用高效LED照明灯具；可再生能源应用太阳能光伏发电及建筑能耗监测和室内环境监控一体的智慧能源管理系统。

2.气密性及无热桥设计

（1）气密性

气密性指标要求在室内外正负压差50 Pa的条件下，每小时换气次数不超过1.0次，即 $n50 \leq 1$ h。项目为1个气密性单元，外墙为砌块墙，屋面、地板采用20 mm厚耐水腻子加涂料，可构成连续的气密性。建筑物气密性单元划剖面分示意图详见下图。

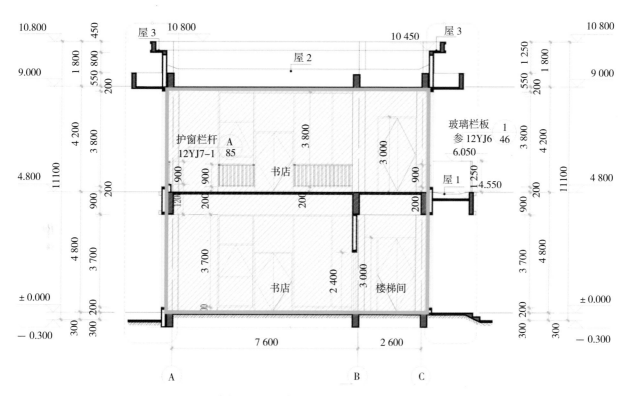

气密性单元划分剖面示意图（单位：mm）

（2）门窗部位气密性措施

外门窗应采用三道耐久性良好的密封材料密封；依据现行国家标准GB/T 7106—2019《建筑外门窗气密、水密、抗风压性能检测方法》，气密性等级为8级。外门窗与结构墙之间的接缝采用耐久性良好的，由防水隔汽膜、防水透汽膜和专用粘接剂组成的门窗洞口密封系统密封，外门窗框与结构墙体之间的缝隙，为便于满粘气密膜，应先清理干净，再采用耐久性良好的防水隔汽膜（室内侧）和防水透汽膜（室外侧）进行密封，气密膜一侧粘贴在门窗框的侧面，另一侧与结构墙体粘贴，并松弛地（非紧绷状态）覆盖在结构墙体和窗框上，防水隔汽、透汽膜与门窗框粘贴宽度不小于20 mm，与基层墙体粘贴宽度不小于50 mm，粘贴紧密，无鼓起漏气现象，防水隔汽、透汽膜的搭接宽度均不小于50 mm，在粘贴防水隔汽、透汽膜时要确保粘贴牢固严密。窗框与外墙交角处粘密封胶带封堵后粘聚氨酯发泡剂等保温隔热材料，减少热桥效应。

（3）穿墙洞口气密性处理措施

穿墙管道采用套管安装，套管之间的缝隙采用聚硅氧烷密封胶封堵，外侧用盖板遮挡。室内侧采用防水隔汽膜粘贴，室外侧采用防水透汽膜粘贴。隔汽膜与透汽膜在管道和墙体上的搭接长度均不小于50 mm。

（4）穿屋面气密性处理措施

穿屋面管道采用套管安装，套管之间的缝

隙采用聚硅氧烷密封胶封堵聚氨酯垫块。室内侧采用防水隔汽膜粘贴，室外侧采用防水透汽膜粘贴。隔汽膜与透汽膜在管道和墙体上的搭接长度均不小于40 mm。

（5）接线盒、配电箱气密性处理措施

位于有气密性要求的砌筑墙体上的开关、插座接线盒，应在砌筑墙体时预留孔位，安装线盒时先用石膏灰浆封堵孔位，再将线盒底座嵌入孔位内，使其密封；穿线管在墙体内预埋时，接口处应用专用密封胶带密封，与线盒接口处同时用石膏灰浆封堵密封；穿线管内穿线完毕后，应用密封胶封堵开关、插座、配电箱等的管口。

（6）外门窗无热桥设计

窗框与外墙交角处粘密封胶带封堵后，粘聚氨酯发泡剂等保温隔热材料，减少热桥效应。

（7）穿墙洞口无热桥设计

对于风管穿外墙部位，开洞时预留出足够的保温间隙，预留孔洞直径宜大于管径100 mm，相邻预留洞之间避免距离过近，应预留防水隔汽膜（防水透汽膜）与墙面的粘贴空间。室内侧粘贴防水隔汽膜进行密封处理。

（8）穿地面和屋面无热桥设计

给管道穿地面和屋面部位，开洞及预留套管时预留出足够的保温间隙，室内侧粘贴防水隔汽膜进行密封处理。首层及顶层室内排水立管（通气立管）应设置60 mm厚橡塑保温，其他层设置30 mm厚橡塑保温。内排雨水立管应层层设置60 mm厚橡塑保温。

3. 风系统

一体机室内机外接金属风管对室内送风，送风口采用ABS材质双层百叶风口，回风口采用ABS材质带过滤网门铰式单层百叶风口。回风口及送风管与室内机间应用软管连接。送风口必须采用防结露风口。

4. 能源环境一体机选型

（1）新风热回收

新风热回收全热效率70%。

（2）CO_2监测联动

本系统由一个高清晰触摸屏及多个室内高精度传感器组成，是可以监测室内的温度、湿度、CO_2、PM2.5的智能控制系统。

（3）高效过滤

新风过滤采用G4+F7多重过滤，净化进入室内的空气，过滤PM2.5高于90%以上。

5. 可再生能源应用

本项目在屋顶设置太阳能发电系统。

三、监测系统

在建筑与室外相连接的出入口设置门禁控制系统，由门禁一体机、开门按钮、电磁锁组成。在主要出入口设置单通道人行出入口摆闸，摆闸宽度根据现场实际情况调整。摆闸上设置人脸识别测温一体机，人员能够通过刷脸快速通过闸机，同时进行人体测温。接待台设置工作站，工作站与能耗监测系统、环境监测系统共用。

1. 能耗监测系统

能耗监测系统设置1台远传电表、1台远传水表，对建筑所用能耗进行采集，能耗管理计量软件安装于接待处工作站，工作站与出入口管理系统共用。

2. 环境监测系统

环境监测系统设置1台空气质量监测设备，空气质量显示屏实时显示环境参数，空气质量监测管理软件安装于接待处工作站，工作站与出入口管理系统共用。

3. 智能照明系统

智能照明系统采用开关控制模块，实现书屋内的智能照明。系统在弱电配电箱内设置中控中心，在强电配电箱内设置4路照明控制模块，对照明回路进行控制。

4. 智能窗帘控制系统

智能窗帘控制系统通过485总线与窗帘电机连接，接至一层弱电箱中控主机。窗帘轨道沿玻璃幕墙方向设置，吸顶安装。安装前须确保吊顶可承受窗帘重量。

5. 信息发布系统

信息发布系统设置大屏幕信息发布一体机，内置播放控制模块及软件，通过电脑软件可制定发布内容，电源由装修单位预留。

四、能效指标

项目采用了被动式低能耗建筑模拟分析软件PKPM-PHEnergy，对建筑的性能进行分析，计算出建筑的各项能效指标。

能效指标

指标	设计建筑	基准建筑	限值	结论
建筑能耗综合值 / (kW·h)·(m²·a)⁻¹	58.14	679.8	—	满足设计要求
建筑本体节能率 / %	69.67	—	≥ 20	
建筑综合节能率 / %	91.45	—	≥ 50	
可再生能源利用率 / %	0.09	—		

由能效指标可知，建筑综合节能率为91.45%，建筑本体节能率（不包含可再生能源）为69.67%，满足GB/T 51350—2019《近零能耗建筑技术标准》中的超低能耗建筑能效指标要求。

五、总结

超低能耗建筑是在响应国家碳达峰、碳中和的"双碳"背景下，通过被动优先，主动优化等技术手段，使房屋在常年保持"恒温、恒湿、恒氧、恒净、恒洁"的基础上，相比普通建筑大幅提高舒适度，大幅度降低夏季制冷、冬季供暖的电能消耗。

诸葛书屋采用超低能耗技术，高标准建成了河南首家超低能耗城市书屋。自试运营以来，平均每天接待读者达300人次，以更低的能耗、更好的舒适度、更好的体验感服务卧龙岗街道飞龙社区、桂花城社区、黄龙庙社区3万余名群众，使其成为老百姓身边的书香阅读角、文化充电站、精神栖息地。

项目鸟瞰图

济南起步区零碳智慧产业园基础设施项目

姚建刚 赵 伟 张清东 刘 莹 吴传德

北京城建集团有限责任公司

摘 要

为顺应国家"双碳"目标，济南起步区零碳智慧产业园基础设施项目依托零碳建筑、健康建筑、人工智能等先进技术体系，通过建筑光伏一体化、多元耦合能源体系、可再生低碳建材、智慧感知和智慧管理系统等多项零碳健康智慧技术运用，以实现绿建三星、LEED铂金、WELL铂金、零能耗建筑等六项国内外标准认证，建设一座"主被动式平衡的低碳节能建筑、提供良好物理环境的健康舒适建筑、具有感知能力的智慧建筑"，打造引领性、示范性、高标准的超低能耗智慧化运营中心。

关键词

零能耗建筑；智慧建筑；健康建筑

济南起步区零碳智慧产业园基础设施项目，位于济南市新旧动能转换起步区谢胡路以西，横四路西段以南，横支六路以北。项目地下2层、地上5层，总建筑面积72 431 m²，其中地上面积48 053 m²，地下面积24 378 m²，建筑高度33.186 m。主要为办公用房，兼有展厅、报告厅、餐厅等。

围绕"双碳"国家战略目标，依托人工智能、绿色建造、健康建筑、零碳建筑等先进技术体系，采用钢结构装配式结构体系，使用低碳建材、高性能天窗系统、呼吸幕墙系统等新型绿色建材，采用地表水源热泵、碲化镉光伏幕墙、地道风等可再生能源形式，建设成为新一代AI+绿色生态仿生感知示范建筑，打造高标准超低能耗智慧化运营中心。

1. 智慧生态罩

项目由内、外两层建筑组成，内侧为超低能耗区，外侧为智慧生态罩，两层之间形成空腔系统，用于公共活动。智慧生态罩系统整合了太阳能光热系统、太阳能光电系统，结合智能遮阳、智慧通风、雨水收集、降低城市热岛效应等功能，集建筑美学、结构美学、智能化设计于一体，形成了建筑形态重要的一部分。

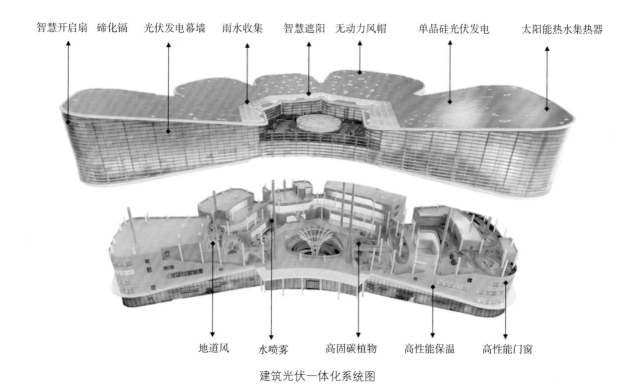

建筑光伏一体化系统图

智慧生态罩与超低能耗区之间的空腔部分利用热压差烟囱效应，将空腔内部的热量排到室外，以实现冬季蓄热、夏季减少热堆积的目的，从而减少空调负荷，最终实现整体能耗的降低。

智慧生态罩幕墙玻璃及天窗玻璃采用TP10（三银）+12Ar+TP10（无银），屋顶的实体部位，采用铝板作为外饰面，并用200 mm厚的岩棉作为保温层，以保证综合K值达到1.5W/（m²·K）。

在南向和西南向幕墙上，结合立面设计，布置碲化镉光伏玻璃TP8（双银）+1.52PVB+3.2CELL+1.52PVB+TP8+12Ar+TP10（无银）。碲化镉的发电率仅为14.5%，单晶硅光伏板的发电率可达到22.5%，而且将碲化镉玻璃用于开启扇存在一定的风险，因此在智慧生态罩的顶部铺设单晶硅光伏板作为补充，以实现效果、功效和成本的平衡。

由于智慧生态罩系统采用"阳光房"的理念，如何在夏季打造舒适的物理环境成为重点，因此在智慧罩和超低能耗区之间的"空腔部分"通过地道风与无动力风帽的结合，形成烟囱效应，实现换气5次/h，达到自然通风的效果。同时采用分层降温的原理，通过水喷雾与自然通风的结合，可以带走能源罩下堆积的热量，达到降温的目的，显著提高非空调区域在夏季的舒适度。地道风系统采用地道风专用球墨铸铁合金管道，与传统的土建风道相比，有更好的换热效率、气密性和水密性，同时内壁涂层可以有效阻止细菌滋生，解决地道风在冬季霉变后无法使用的缺点。

2. 高性能围护体系

超低能耗区为实现超低能耗，透明区域的围护结构需达到综合K值1.0 W/（m²·K）、气密性8级、水密性6级、隔声性能3级，超低能耗区非透明区域综合K值0.13 W/（m²·K），因此，材料的选择至关重要，既要满足超低能耗的要求，又需要平衡成本和品质之间的矛盾。在设计之初，保温材料全部采用真空绝热板，可以将保温层做到最薄，但是对于一些部位的

实体墙面和楼面，其实没必要将保温层做到最薄。因此，对一些不影响使用功能的墙面采用200 mm厚的岩棉；对一些要求墙体做薄的区域则采用导热系数0.006 W/（m·K）的35 mm厚真空绝热板。同样，对于不影响使用标高的楼面，采用导热系数为0.035 W/（m·K）的50 mm厚的挤塑聚苯板；对于标高要求严格的楼面，则采用导热系数为0.006 W/（m·K）的40 mm厚真空绝热板。优化的成本可用于重点部位的品质提升。

超低能耗区的透明区域可分为幕墙体系和窗体系。幕墙玻璃采用TP8（双银）+Ar12+TP8（单银）+Ar12+TP8（无银），并用外挂的连接形式。为防冷桥，在幕墙的开启扇部位型材内填充聚氨酯材料。窗户的玻璃则采用TP5（双银）+Ar16+TP5+Ar16+TP5（无银），型材采用高分子材料，型材及玻璃的K值均不超过1 W/（m²·K）。窗与结构板采用外平齐+保温副框的连接形式，为防止线性冷桥，保温层与窗型材及副框的搭接长度不低于50 mm。为加强窗户的气密性，在门窗洞口外侧设置防水透汽膜，在门窗洞口内侧设置防水隔汽膜，在加强建筑气密性的同时，能够有效避免墙体结露、发霉等。防水透汽膜和隔汽膜的应用，可确保超低能耗区域的气密性达到$n50≤0.6$/h。

3. 高性能钢结构体系

采用先进的钢框架–屈曲约束支撑结构体系，运用BRB减震技术，为整体结构提供两道防线，发生地震时能吸收一定的震动力，从而降低地震带来的危害，使梁柱截面更小，在获得更多使用空间的同时，极大地节约了成本。

结构体系采用在框架柱的圆钢管内浇筑混凝土，将框架柱从纯钢结构转变成组合结构，发挥了混凝土和钢材各自的优势，减少圆钢管壁厚和框架柱截面大小，从而节约成本。本项目钢管混凝土框架柱大部分采用400～600 mm

直径的截面，壁厚为12～16 mm。结构体系使用了钢筋桁架楼承板，免除支模和部分钢筋的下料安装，使得不同楼层的钢结构安装和楼板施工可穿插施工，减少现场钢筋绑扎工作量60%～70%，大大缩短工期。

4. 多元耦合可再生能源利用体系

（1）光伏系统

本项目计划每年利用建筑本体及周边绿电约600万KW·h。由于场地有限，光伏系统仅设置在智慧生态罩的屋顶和立面玻璃幕墙，以及车库入口和非机动车棚顶部。为从场地外补充绿电，项目在设计时预留绿电接入口，接入本项目的变配电室。

（2）光储直柔示范区

由于直流电的电能利用率较交流电提高6%～8%，因此在利用光能的基础上，在建筑一层展厅设置光伏直流配电示范区域，直流微电网系统300 kW。直流供电设备包括直流空调、直流灯具、直流高清LED显示屏、直流计算机等。利用模块化直流型一体式电控装置在配置端实现柔性负荷，通过用电设备末端及指挥控制调节，实现终端的柔性负荷。

（3）地源/污水源热泵系统

空调系统采用地源、污水源等可再生能源作为冷热源。采用太阳能热水系统制备生活热水，和地源热泵结合，实现能源综合利用。在利用地源热泵的同时，预留利用污水源热泵的条件，如预留换热器及相关附属设备的位置，后期市政污水能源配套满足使用条件后再由运营方进行换热器的采购及安装。另外，在整个用能过程中考虑了地源侧免费冷源利用，在供冷初期和过渡季部分时间通过换热器利用地源免费冷源，不启动热泵机组，降低能耗，达到节能的目的。

5. 舒适节能空调系统

（1）空调高压微雾加湿段

在使用空调区域，为调节湿度，设置高压微雾加湿系统，通过低功率、低消耗的高加湿作用，保证室内始终为温和湿润的舒适物理环境。同时，通过密封的加湿段，避免细菌的繁殖，满足健康建筑的要求。

（2）全空气定风量空调系统

在大厅、展厅、报告厅等区域采用全空气定风量系统，洁净度高、消声标准高、总体换气次数多、空气品质好、空气分布能力好，空气分布特性指标ADPI可长期保持在90%以上。报告厅采用座椅送风的方式，利用置换通风的原理，采用小温差、小风量、低风速的方式，在满足舒适度要求的同时实现节能低碳。

（3）全空气变风量空调系统

办公区域在传统全空气系统的基础上，采用变风量系统末端，实现分区温度控制，房间可根据需要任意分隔，温度控制根据冷热源切换调整，稳定性高，设备容量减少，运行更节能。

（4）温湿度独立控制系统

在运营大厅、办事大厅部分采用主动式冷梁，经过冷梁的冷水独立消除人员区的热负荷，实现对空气湿度和通风的独立控制；具有节能、舒适、健康、节省空间、安装方便、维护简单等优势。

6. 室内空间采光改善技术

地下车库设置多处直通室外地面的导光管，改善采光环境，使自然采光应用面积约占车库总面积的11%，有效节约日间照明能耗。

建筑中庭的室内植物墙通过高能光纤网络将阳光引入建筑物内部，促进植物光合作用，提升室内植物的存活率，打造自然而有生命力的绿色办公环境。

三、运营控制策略系统

1. 碳排放监测平台

打造可感知、可视化、可监管的智慧能源碳排放监控平台，不仅从设计到施工均可以溯源碳排放量，而且在运营阶段也可以检测实时活动的碳排放，并根据天气和人员活动预测能源消耗和碳排放。

2. 智慧感知和智慧管理系统

通过安装信息设施系统、安全防范系统以及绿色建筑管理系统，打造高度集成化、智慧化的运营管理系统；通过分布在建筑室内外各处的传感器，在运营阶段可以精准监控建筑的使用和能耗情况；通过智慧管控技术，可以根据人员需求及气候变化自动调节建筑的物理环境，确保室内人员始终感受舒适。

3. 能效指标控制

通过对建筑和周边场地设置的光伏发电系统进行监测和控制，实现晴天光照强时，太阳能发电系统除供给本建筑用电外，可以将多余电输送电网；夜间及阴雨天光照不足时，太阳能发电系统可以由电网供电补充缺口。通过以上控制，确保建筑及周边设置的太阳能光伏发电系统全年发电量大于建筑全年能源消耗量，达到运行阶段零能耗和零碳的要求。

四、总结

项目将零碳、绿色、智慧、发展的理念贯穿于从策划、设计、施工到运营的全周期中，通过智慧生态罩、高性能围护体系、多元耦合能源体系、智慧感知和智慧管理系统等多项技术进行集成，打造一座一体化设计的低碳节能建筑，具有智慧感知能力和健康舒适的室内物理环境，在零碳智慧建筑领域起到引领性的示范作用，为绿色建造的实践增添举足轻重的一笔。

时珍楼实景图

辽宁中医药大学附属第二医院时珍楼近零能耗改造项目

邓 鹏 洪 娜 杨 洺 刘 洋

长沙远大近零能耗建筑科技有限公司

摘要

辽宁中医药大学附属第二医院时珍楼近零能耗改造项目是既有建筑提质改造项目，按照中国GB/T51350-2019《近零能耗建筑技术标准》进行设计。通过"以修代建、精细修缮"方式实现该项目室内舒适度提高及能耗的大幅降低，并提升了建筑的安全性能。是医院类既有建筑首家通过近零能耗建筑设计认证项目，为严寒地区既有建筑改造提供了示范案例。

关键词

近零能耗建筑；医院建筑；节能率；既有建筑

一、概况

沈阳市于洪区属于严寒地区，气温年差较大，具有冬季时间长，夏季时间较短且多雨的特点。计划改造的辽宁中医药大学附属第二医院时珍楼建成于20世纪80年代，为普通住院楼。建筑面积7 344 m²，空调面积4 833.15 m²，共8层，体形系数0.22。建筑外墙原保温层为XPS板，未达现行防火要求，且外墙饰面可见脱落和修补。改造前，项目空调系统接自院区中央空调系统，末端是风机盘管送风，无新风系统。院区冬季采暖和生活热水主要设备为溴化锂直燃机组，夏季制冷为磁悬浮制冷机组，冷热源稳定。

项目实景图

二、技术方案

按照被动优先、主动优化，可再生能源补充的总体技术路线，以气候特征为引导进行建筑方案设计。在改造时，充分考虑项目原有设计的特点，综合确定改造技术措施，提高改造的经济性、合理性，使改造措施更具普适性。

高性能外保温

1. 高性能外保温

拆除建筑原XPS外墙保温系统，增加60 mm厚的真空绝热板作为外保温层，传热系数小于0.15 W/（m²·K）。与岩棉、挤塑板等保温材料比较，真空绝热板更薄，重量更轻，施工更加便捷。同时，真空绝热板为不燃材料，提高了建筑整体防火级别。安装采用薄抹灰体系，保温层分两层错缝施工，外饰面层为真石漆涂料。

屋面增加350 mm挤塑聚苯板，传热系数不高于0.1 W/（m²·K），保温层下铺设隔汽卷材，保温层上设置防水卷材。

原窗为2018年更换的三玻两腔塑钢窗，性能较好。为减少室内侧施工对医院的影响，保留原外窗。设计在原外窗外增加双玻塑钢窗，采用5+9A+5Low-E玻璃。综合传热系数低于1.2 W/（m²·K），气密性8级，太阳得热系数0.45。外门窗采用内嵌安装，使用保温附框，外保温压部分窗框。

加强了建筑的气密性处理，减少冬季冷风渗透及夏季热风对空调能耗的影响，避免因湿气侵入使建筑出现发霉、结露等问题。由于是既有建筑改造，内部改造会影响医院的正常运作。故在外墙外表面通过抹20 mm厚不间断水泥砂浆层作为增加的气密层，对窗户、穿墙管线、新风口等部位做特殊处理。

对建筑围护结构中潜在的冷热桥构造进行加强保温隔热降低传热的设计。外墙连接锚固件采用断热桥锚栓，板缝内填充硬泡聚氨酯材料；穿围护结构的管道洞口与管道间填充保温材料；与另一栋楼相通的走廊墙壁外侧作保温；墙壁附着物，如雨水管，改造时临时拆除，复原时加装隔热垫片、一体断热桥固定件等。

 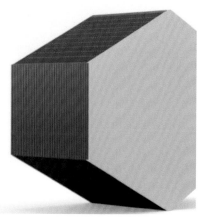 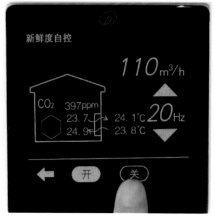

高效空调新风

2. 高效空调新风

由于围护结构性能的提升，建筑冷、热需求大幅下降，原建筑的冷热源作为备用，增加空气源热泵机组对建筑提供冷、热源，安装于一层地面，额定性能（COP）制冷系数3.4，低温环境制热系数2.3，末端仍然采用原风机盘管系统。

增加热回收洁净新风系统，新风经过初效、静电和高效过滤器，PM2.5过滤效率高达99.95%，同时冬季热回收效率高达80%。设置了CO_2检测与联动，新风机频率可根据CO_2含量自动调节。

3. 高效照明

将原建筑中非LED照明灯具更换为LED照明灯具。对照度不达标房间的灯具进行更换。

4. 可再生能源

屋面设置光伏发电系统，选用550 Wp单晶硅电池组成共计108块，总装机容量为59.4 kWp，设有50 kW组串式逆变器1台。经计算，本项目光伏发电系统年发电量为70 200 kW·h，采用"自发自用、余电上网"的模式。

5. 室内空气品质检测及能源监控系统

项目监测系统能够实现对电耗、冷热量、室内空气品质实现实时监测。分楼层安装智能远传电表、4G数据采集器，实现用电量和用电参数实时采集。对重点用能设备，如空气源热泵、空调水泵、光伏发电系统，分别单独计量。各楼层空调总水管安装冷热量计量表，通过数据采集器实时采集楼层数据。每层安装1台可移动式空气检测仪，检测仪通过连接室内无线网络WIFI，将检测数据实时上传至系统平台，动态检测楼层温度、湿度、CO_2浓度及PM2.5数据。

三、设计参数及能效指标

室内环境的设计参数为冬季≥20℃，夏季≤26℃，主要房间新风量2次/h，CO_2浓度≤900 ppm，室内PM2.5浓度比室外低100倍。按照GB/T 51350—2019《近零能耗建筑技术标准》、《近零能耗建筑测评标准》计算，建筑本体节能率为49.42%，建筑综合节能率为64.43%，可再生能源利用率为49.74%。

长三角一体化绿色科技示范楼

张淳劼　赵春峰　刘　瑶

上海建工五建集团有限公司

摘要

长三角一体化绿色科技示范楼是由上海建工全产业链打造，定位为世界领先的绿色节能办公建筑，项目获得中国节能协会零能耗建筑认证。上海建工将绿色理念和技术贯穿于该项目建筑的设计、建造、运维的全生命周期，打造成为可感知、可触摸，具有世界影响力的绿色建筑示范工程。

关键词

长三角一体化；零能耗建筑；绿色建筑

一、概况

长三角一体化绿色科技示范楼（后文简称：绿色示范楼），位于上海市普陀区真南路822弄与武威东路交会处西南侧，主要为1栋地上5层、地下2层的绿色节能办公建筑。总建筑面积约11 782 m²，项目用地面积3 422 m²，基坑围护结构采用PC工法组合钢管桩，采用桩承台基础，整体地下室为框架结构，地上部分采用钢结构体系。由上海建工五建集团有限公司作为施工总承包企业。

二、技术方案

绿色示范楼从策划设计之初，就制定了打造一座世界领先的绿色节能建筑的目标。项目对标全球范围内一流绿色建筑，在全方位降低建筑资源消耗的同时，关注和提升使用者的感受，做到对环境和使用者的双向友好。

1. 建筑运营净零能耗

绿色示范楼空调冷热源采用地源热泵空调系统，冷负额为687.2 kW，热负额514.7 kW。

建筑外立面由高效的预制光伏板与透明的太阳能薄膜技术融合，采用三层中空玻璃的被动式节能兼容单元。在精确计算下，每一个单元形状和方向都能最大限度地利用太阳能、减少眩光，并将自然光引入建筑内部。利用建筑外表进行光伏发电，并根据太阳辐射角为每个光伏玻璃定制专属倾斜度以提高发电效率。

项目光伏总装机容量为492.63 kW，首年发电量预估为480 465 kW·h，年平均发电量约为43.4万kW·h，相当于年均减少CO_2排放量182.5 t，节约标煤139.05 t。

高效的预制光伏板
高效的预制光伏板

高效的预制光伏板

高效的预制光伏板

五玻双腔

浅色金属反射

低辐射玻璃

光伏玻璃幕墙

2. 建筑运营极致节水

建筑内设置中水回收系统，采用原水就地预处理单元+生化处理系统+深度处理系统工艺，在技术、工艺、设备、材料的制定和选用上，以满足水质为基本要求，通过技术经济指标合理，考虑前瞻性、代表性和示范性，以水循环的概念达到零排放的目标，将其打造成绿色建筑中水系统的优秀典型。

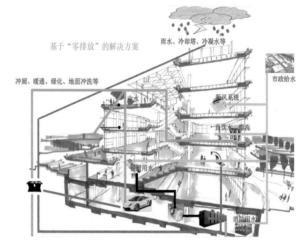

中水回收

3. 高效室内空气品质

绿色示范楼设置可开启外窗和可开启幕墙，幕墙开启比例达到10%以上。室内空气气流组织良好，过渡季典型工况下，主要功能房间平均自然通风换气次数不少于2次/h的面积比例达到98.96%。

春季及秋季，屋顶6台新风机变频调节风量，充分利用室外新风能量，削减过渡季室内的空调开启需求，降低空调能耗。中庭位于建筑中部南北楼交界处，自下而上贯穿整栋建筑，是整栋建筑的"绿肺"，中庭通高5层，利用热压差使空气形成流动，带动各个空间形成良好的通风效果，提高使用者的舒适度。

室内大堂空间

地上室内主要功能空间设置PM10、PM2.5、CO_2、甲醛浓度的空气质量监测点，地下车库按照防火分区设置CO_2传感器。确保CO_2浓度不大于600 ppm，PM2.5浓度小于12 ug/m³，室内PM2.5年均浓度不高于10 ug/m³，且室内PM10年均浓度不高于20 ug/m³。

4. 建筑垃圾减量化运营

绿色示范楼采用工业化的生产方式，通过标准化设计、工厂化加工和装配化施工，达到生产过程中不产生废弃物的目的。如在基坑维护设计采用PC工法组合钢管桩的装配式组合围护，是一个整体式可回收的全钢式围护结构。钢管桩直径915 mm，壁厚14 mm，长26 m，钢管桩围护长度18m，通过工厂埋弧焊接的U型锁扣连接。施工过程无泥浆排放、无噪声，且施工速度快、抗渗性好、可全回收并重复利用。该技术相较传统的围护体系，节约施工成本30%，缩短总体工期三分之一，减少建筑垃圾90%左右。建筑将通过高效运营，最大限度地降低垃圾量。

PC 工法组合钢管桩

三、能效控制指标

绿色示范楼所在的上海市属于夏热冬冷地区，按照国家GB/T 51350—2019《近零能耗建筑技术标准》、《近零能耗建筑测评标准》计算，建筑本体节能率38.56%，建筑综合节能率82.08%，可再生能源利用率72.13%。

四、结论

绿色示范楼运用了40多项核心技术，实施过程中经过精心研究和考量，是面向社会、面向大众、面向企业的一次有益尝试。为全面探索低碳可持续的发展道路提供了新样板，同时也将成为提升绿色运维能效的研究和展示平台，为孵化后续的绿色建筑技术提供储备。

项目实景图

保定卓正颐和雅园项目

支鹏飞

河北卓正实业集团有限公司

摘要

保定卓正颐和雅园项目通过技术指导培训，加强被动房施工过程的质量点控制，从而达到最佳的施工效果，提升整体运营效果。

关键词

技术做法；施工工艺；质量控制点

一、概况

由保定卓正房地产开发有限公司开发建设的保定卓正颐和雅园项目位于保定市徐水区漕河镇，整体规划面积约40万 m²，被动房与苏式建筑的完美结合提升了颐和雅园整个项目的居住品质，让业主亲身体会到被动房技术带来的完美居住体验。项目于2019年开始建设，一期约7万 m²被动房于2021年11月份交付业主，项目室内温度在20～25℃；二期约11万 m²被动房于2022年10月份交付业主。

二、屋面工程

1. 施工工艺流程

屋面顶板压光成活→验收基层→涂刷BH2防水油膏→粘贴铝膜隔汽防水层→验收隔汽防水层→保温层分两层错缝粘贴高容重石墨聚苯板→验收→粘贴3 mm厚自粘型玻纤胎被动房专用防水卷材→验收→浇筑50 mm厚细石混凝土防水保护层。

2. 技术操作要点

屋面结构砼浇筑时，墙和梁板砼浇筑要交替进行。连续浇筑墙的跨数不能太多，防止因墙顶临时施工缝放置时间过长形成冷缝。板砼浇筑时要逐跨连续施工，要控制砼振捣速度，不能过快，要充分振捣，保证砼密实度，同时要保证已浇筑完成的砼面及时收面、压光。砼浇筑时要严格控制轴线、标高、板厚，确保尺寸准确。

隔汽防水层基层要平滑、密实。坑、洞等部位要先修补平顺。

保温施工前先挂线，确定屋脊线及檐底线，保证屋面方正。保温板分层施错缝排版，上下两层保温板接缝错开1/3板长。

三、被动门安装

技术操作要点：

被动门自重较大，被动门需安装在混凝土结构上，且混凝土结构面应密实光滑。

安装好门框后，底部应用细石混凝土塞实，避免因门扇过重导致门框变形。其他三面框与结构之间的缝隙应填注发泡胶，待膨胀干燥后切割整齐。

粘贴气密膜，调整好门框后，内侧粘贴防水隔汽膜，外侧粘贴防水透汽膜。

验收通过后再进行粉刷收口。

四、被动窗安装

技术操作要点：

优化图纸设计，将外门窗口周边设计为混凝土构件，且宽度大于200 mm，以满足贴膜及门窗固定要求。

清理被动窗四周结构表面附着的杂物，使之光滑、密实，达到粘贴隔汽膜的条件。

保证门窗周围构造柱及压顶的成型尺寸、浇筑质量，要求位置尺寸准确、表面密实平整。混凝土构件返修或不平整直接影响后续窗周围粘贴膜的密封性能。

五、外墙保温系统施工

1. 施工工艺流程

混凝土墙面基层处理→螺栓孔封堵→砼墙与加气块墙交接处刮抗裂砂浆粘250 mm宽玻纤网→加气块墙面满挂玻纤网刮抗裂砂浆→验收→螺栓孔及不同材质交接部位涂刷两遍聚氨酯防水→出墙套管粘贴防水透汽膜→验收→粘贴门窗连接条→安装托架→框点法粘贴第一层保温板→满粘法粘贴第二层保温板→安装断桥保温钉→验收→满挂玻纤网+抗裂砂浆→验收→防水腻子施工→验收→外墙涂料施工→验收。

2. 技术操作要点

对混凝土墙面基层进行打磨、清理、冲洗处理。

螺栓孔封堵。先用聚氨酯发泡塞满，再在孔端填塞30 mm厚深膨胀水泥砂浆

外墙出墙套管管道、洞口等必须有气密措施和防水措施。外侧粘贴防水透汽膜和里侧粘贴防水隔汽膜。

外遮阳帘部位粘贴，保温前要做好预留样板，确认好尺寸，准确粘贴。

六、室内气密性保障措施

1. 施工工艺流程

审核图纸→确定气密线位置→做出气密线内穿墙、穿楼板构件清单→制定气密性保障措施→样板间施工→样板间气密性检测→查找缺陷、改进、复测→批量施工。

2. 技术操作要点

确定被动区与非被动区，审核图纸气密线上的门窗是否为被动门窗。

穿分户楼板、分户墙、外墙的管路、拔气道周围气密薄弱点及自身孔洞需要粘贴隔汽膜。

七、室内保温、隔声措施

术操作要点：

严格根据图纸及相关设计的保温施工节点和材料进行施工、制定施工方案，确保切实可行。

隔声垫、管道保温完成后需要进行成品保护，避免其他工序污染造成破坏。

分户楼板保温施工完成后铺两层塑料薄膜，防止浇筑混凝土时进水影响保温性能。

被动区与非被动区的楼板需要在板底粘贴100 mm厚岩棉板，靠粘接砂浆与保温钉固定在楼板上，做法同外墙岩棉做法。为减少热损失与顶板连接的结构墙体需要粘贴岩棉板，岩棉的粘贴范围要向楼板下延伸1 m。

八、被动房专用新风一体机

1. 工作原理

新风一体机自带热回收装置，全热回收热效率＞75%，夏、冬两季具有制冷、采暖功能，承担室内冷暖调节，在春、秋季节可以提

颐和雅园全景图

供新风或者自然通风，通过温度调节、风速调节的智能控制面板，实现对能源环境一体机的温度及风量调节。

2. 技术操作要点

新风一体机管道与给排水管道的排布需通过样板施工来确认。批量施工前做好各户型样板布置，要求管道横平竖直排布美观，还要考虑业主对后期吊顶多样性需求，避免发生管道重叠标高过低影响房间净高。

被动房的成功与否三分在设计，七分在施工，施工过程控制是被动房建造的重中之重。

新风一体机管道排布

03 材料篇

上海德重新材料股份有限公司厂区及体验中心

德重铝木被动式门窗

邓四九

上海德重新材料技术股份有限公司

上海德重新材料股份有限公司（后文简称：德重）致力于低碳新型建材的研发和生产，从原料、技术、型材开发、项目施工应用等领域皆取得了一定的经验与突破，获得了多项国家专利技术。德重新材各项检测指标均达到欧盟检验标准，其材料性能具有零甲醛、无重金属、耐腐蚀、抗酸碱、不龟裂、不变形、耐候性强、不怕水浸泡、不怕白蚁、离火自熄及极低的导热系数等多项特点，应用在潮湿环境中时，比木质产品使用寿命更长。产品适用于各类高性能建筑，尤其是运用于铝新木门窗幕墙低碳木屋、外装饰遮阳、户外园林、木栈道、室内外装饰板等，寿命可达30年以上。

全资控股的山东德重新材料技术有限公司——德重新材料产业园位于山东日照市北经济开发区，占地面积10万 m²，可以为全国范围内的经销商、服务商、消费者提供铝木系统门窗输出及服务。为了扩大服务范围，提供更加优质的生产服务，公司引入了年产20万 m²的雷德数控铝木门窗成品加工自动化生产线，实现面向全国消费者提供成品门窗加工服务。

◆ 物理参数

德重铝木被动式门窗是专利结构产品，在铝型材表面复合了导热系数仅0.088 W/（m·K）的德重低碳木材，在保温性能、隔声性能、气密性等性能上都有显著提升。

德重铝木被动式门窗95及108A两个系列被动窗分别获得了德国PHI认证及国内康居认证，保温性能最高可达0.77 W/（m²·K），能满足严寒地区的使用要求。

德重铝木产品主要采用断桥铝木复合结构，即在断桥铝合金的基础上，通过德重专有的滚压复合工艺，增加室内侧德重低碳木条。产品保证

铝合金与德重低碳木的收缩比，具备断桥铝合金系统产品的稳定性，提升框架的保温隔热性能，增加室内木质装饰效果。产品可选颜色多种，主要以原木与包覆种类为主。

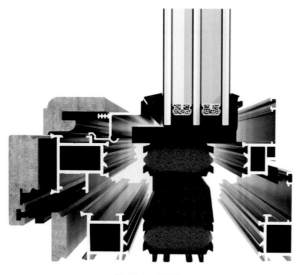

德重 95 系列

德重 108A 系列

德重95（108）系列产品窗框架结构深度95 mm（108 mm），开启扇结构深度110 mm（123 mm）。隔热区结构深度44 mm（64 mm），采用的是增强型尼龙隔热条。复合共挤多腔体EPDM等压腔胶条安装在隔热条上的胶条座中。带有空腔的EPDM玻内胶条，与玻璃扣条齐平，胶条角部连续，在顶部中间接头。使用多功能双用

角码组角，可采用销钉组角或工厂设备组角，以达到更高的组角强度，提高组装的便捷性，且适用于内外腔体后注胶。角部安装有角部密封支撑片，可注胶，以保证角部密封完整性。T连接部位采用专用T型接头，插入式连接构造。整体采用纤细型窄框设计，可提高产品的结构通用性与加工便捷性。

◆ 性能指标

被动窗性能指标

产品	保温性能	防火等级	气密等级	水密等级	隔音等级	抗风压等级
德重 95 系列被动窗	0.86 W/（m²·K）	B1	8 级	6 级	35~45 dB	9 级
德重 108A 系列被动窗	0.77 W/（m²·K）	B1	8 级	6 级	35~45 dB	9 级

注：在不同气候区域产品性能指标有一定的差异。

◆ 产品认证

产品已通过德国PHI认证、康居产品认证、绿色建筑选用产品认证、防火B1级认证，并通过

国家建筑工程质量检验检测中心对气密、水密、抗风压、隔声、保温性能等多项性能检测。

无锡汉科节能办公大楼

衡水百福嘉苑超低能耗住宅区

山东亿安铝业有限公司办公楼

亿安被动式超低能耗铝合金窗

董京勇　张再建

山东亿安铝业有限公司

山东亿安铝业有限公司（后文简称：亿安）总部位于"中国门窗之都"——山东省临朐，是集铝合金型材、系统门窗研发、设计、制造、安装安于一体的综合性企业。

亿安拥有氧化电泳、粉末喷涂、氟碳喷涂、木纹转印、隔热穿条等全套型材生产设备及工艺，拥有数字化工业4.0全自动门窗生产线，年产能力50万 m²。产品系列包括绿色节能系统门窗、绿色低碳建筑被动式系统门窗、健康铝木系统门窗、中式仿古系统门窗、超静音节能系统门窗、智能化家居系统门窗、安全防爆系统门窗等。

亿安拥有市级"工业设计中心"，与山东大学、国家检测检验中心等科研机构开展产学研合作，已获发明专利、实用新型专利36项，并参与国家标准《建筑门窗通用技术条件》；团体标准《中式仿古节能门窗》《近零能耗建筑用产品评价 外窗》《"一带一路"国际绿色低碳建筑评价》标准制定。产品通过"中国绿色建材产品"认证，自主研发的"轩状元"系统门窗，荣获"中国门窗品牌百强""山东知名品牌"等称号，其中被动式系统门窗通过"康居认证"。

拥有门窗制造、安装一级资质、施工劳务

资质，参与北京大兴机场、北京科兴中维生物研究院、淄博周村工人文化宫、朝阳社区党群服务中心、观澜玖里社区等超低能耗建筑被动式门窗工程施工。

公司秉承"创新、融合、成就、共享"的企业精神，坚持"立足高端、智造精品"的经营理念，实施科技兴企战略，开拓进取。公司为"全国工商联家具装饰业商会门窗专委会副会长单位""中国建材工业经济研究会低碳建筑分会副会长""山东省建机协会常务理事单位""山东省建机协会新旧动能转换合作联盟理事单位"，先后荣获"高新技术企业""国家级科技型中小企业""创新型中小企业""山东省建机协会骨干企业""2022年中国家居制造业500强——系统门窗30强""全国工商联家居业高质量发展示范企业"，以及省、市两级"专精特新企业"称号，是全国工商联家居业高质量发展"领航工程"发起单位。

◆ 物理参数

铝合金被动式工程项目系统窗物理参数

主项材料标准配置	BD105PRO-K0.9 内平开、内平开上悬系统窗
窗框材料：6063-T5/T6 超高精级专用铝合金型材	型材壁厚：1.8 mm； 型材表面处理：粉末喷涂、氟碳喷涂、阳极氧化、电泳涂漆、瓷泳
窗框隔热条材质 / 品牌 / 规格：PA66GF25 泰诺风品牌 64 mm 系列	 窗框隔热条腔体填充材料　窗中挺隔热条腔体填充材料　玻璃板块四周边填充材料
隔热条腔体玻璃板块四周边填充材料：专用定制 0.022 导热系数超级隔热毯	
中空玻璃空气间隔条形式：15mm Super Space 超级间隔条	
中空密封胶种类：硅胶（Silicon）	
中空玻璃间隔汽体：95% 氩气 +5% 空气	
C：6Low-e(2#)+15Ar+6Low-e(4#)+15Ar+6Low-e(5#)	
密封条材质 / 品牌 / 规格：三元乙丙任 EPDM）海达品牌定制型号	
定制专用端面密封胶、双组份组角胶、硅酮结构密封胶	
进口品牌 / 国产优质内平开 / 上悬套装五金系统定制专用配套件系统	
整窗传热系数 U：≤ 1.0 ［W/（m²·K）］整窗太阳得热系数 SHGC：夏季 ≤ 0.3，冬季 ≥ 0.45；整窗遮阳系数 SC：夏季 ≤ 0.34，冬季 ≥ 0.52；整窗抗风压性能：不低于 5 级整窗气密性能，不低于 8 级整窗水密性能，不低于 300 Pa 整窗隔音性能，不低于 30 dB	

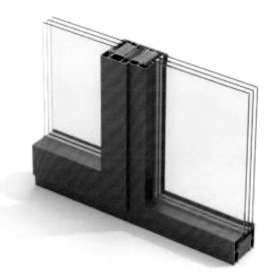

铝合金被动式系统窗

案例精选

项目名称：淄博市周村区工人文化宫

项目概况：项目是建设年代较早的公共建筑，外墙为实心黏土砖墙，保温设施简陋，建筑整体耗能多，急需节能改造提升建筑品质。该改造项目作为周村区首例建筑被动式低能耗节能改造项目，具有开创性和推广价值。

项目名称：淄博市朝阳社区党群服务中心

项目概况：项目根据装配式钢结构超低能耗建筑标准设计建造，是淄博市首个装配式和被动式技术结合项目。在淄博市大力推广超低能耗建筑的实践中，具有重要的示范意义。

音博仕（广东）声学技术有限公司标准化厂区

音博仕超低能耗被动式门

桂衍林

音博仕（广东）声学技术有限公司

音博仕（广东）声学技术有限公司（后文简称：音博仕）是广州和升隔音技术有限公司子公司，成立于2009年，是国家高新技术企业、声学产品与低能耗建筑气密门设备研制单位，以及声学节能环保产品服务商，注册品牌"音博仕"，系列产品有隔声门、低能耗建筑气密门、入户门、室内门。

位于佛山市的6 000 m²标准化厂房、现代化数控加工中心、2 100 m²现代化办公大楼，设隔声门、气密门实验室、产品展厅、研发中心。

音博仕公司以品质第一、客户至上为宗旨，坚持15年致力于专业产品研发，注重产品创新，有研发人员6名，项目工程师3名。产品以隔音门、低能耗建筑气密门为主。公司拥有12项专利产品，其中2项获国家科技型技术创新基金。

主要产品：钢制隔声门、钢制入户门、钢木装甲门、装甲被动门、木质复合门、被动式防火门、被动安全户门、被动无障碍门、室内木质被动门、阳台系统节能门、气密门等。

◆ 物理参数

音博仕在入户装甲门的结构基础上进行气密防火隔热性能优化，开发出近零能耗绿色节能产品装甲被动门，该门加强产品的隔热性能、防火性能、气密性能、水密性能、隔音性能、保温性能。产品系列有被动式安全防盗门、被动式防火门、被动式阳台系统节能门、被动式无障碍门、保温隔声门等。多重功能芯材与T型双层磁控密封气密是其核心技术，芯材包含隔声棉、保温隔热门芯等高性能材质，具有高效的保温性能，$K \leq 1.0$ W/（$m^2 \cdot K$），能满足极冷地区极寒条件下的使用要求。

◆ 产品材质

门扇和门框由1.5 mm厚优质防火镀锌钢板+高阻尼隔热材料组成。内部结构由多层复合实心材料组成，最新阻尼材料损耗因子0.68，密度1.55 g/cm^3，门扇厚70 mm，表面采用单色高温烤漆与木纹高温转印技术。门框采用1.5～2.0 mm厚镀锌钢材，阻抗变形结构，内填

多类型被动门

充双镀锌钢材；磁控封条将门缓慢吸合关闭，门框缝隙精准控制在3～4 mm；无障碍门采用自动升降密封条与地面紧密接触。密封条防火防烟性能优良，遇火高温膨胀，日常保障其气密性能，火灾紧急状况能有效防烟熏，保障安全。

◆ 性能指标

有效隔声量设计。
单扇有门槛设计为RW：40～45 dB（A）；
无门槛设计为RW：35～40 dB（A）。
防火等级：甲级90 min防火性能和防烟性能。

音博仕被动门性能指标

K/［W/（$m^2 \cdot K$）］	防火防盗等级	水密性能	气密性能	抗风压
1.0	甲级	6级	8级	9级

◆ 产品优势

自主研发的"T型双层磁控密封"技术，结合T型双阻口结构，磁性密封，门框与门扇紧密吸附，形成完整的被动式门体结构，气密性卓越。隐藏升降式密封条在实现无障碍通行的同时，不影响被动门的整体性能效果。

◆ 产品认证

音博仕产品已获得低能耗被动式户门/木门实用新型专利证书（专利号：ZL 22021 2 2353498.8），发明专利证书（专利号：ZL 2015 1 0178663.7），质量计量监督检测产品认证，绿色建材产品认证，甲级防火检测、防烟检测报告，国际SGS检测报告，3C认证；通过了保温、隔声、气密性、抗风压等多项专业检测。

T型双阻口
双层磁控密封条
多重复合隔音吸音实芯芯材
大理石饰面转印
智能电子锁
门底隔音升降式密封条
无缝密封处理

技术解析

项目名称：郑州市党风廉政宣传教育基地

项目概况：郑州市党风廉政宣传教育基地建筑面积8 148 m²，布展面积5 546 m²。公司为该项目提供满足综合性能指标要求的音博仕被动门和隔声40 dB以上的隔声房被动门。

东营一恒新型建材有限公司办公区与厂区效果图

一恒铝塑共挤型材、铝塑共挤节能门窗

刘小兵

东营一恒新型建材有限公司

东营一恒新型建材有限公司是铝塑共挤型材、铝塑共挤节能门窗、铝塑共挤被动门窗专业制造厂商。始建于2002年，总投资1.5亿元人民币，是集设计、研发、生产、销售、技术推广为一体的国家级高新技术企业、专精特新企业，国家标准、行业标准主编单位。位于山东省广饶经济技术开发区广达路19号。

公司技术力量雄厚，拥有18条先进的共挤型材生产线，7条非共挤生产线及配套的混料设备、七大系列型材模具200套。年产铝塑共挤节能型材50 000 t，节能门窗和被动窗30万 m²。

◆ 物理参数

铝塑共挤型材从外到内分别为硬质结皮

层、纳米微发泡层、铝材，即以（按热流传导方向计算）3腔壁厚1.4 mm以上的铝合金作为型材骨架，在铝材的外表面包覆了一层4 mm以上的纳米微发泡PVC作为保温层，使铝材与PVC微发泡一体挤出定型。生产和回收过程中不产生污染物，绿色环保可循环利用。

◆ 产品特点

铝塑共挤门窗同时兼容了金属门窗的高强度、木塑门窗的保温性优点。是门窗史上的一场重大变革，是新一代的建筑节能门窗。

多型号的铝塑共挤门窗物理参数

产品系列	玻璃配置	K 值 [W/（m²·K）]	整窗太阳得热系数
铝塑共挤 104 系列被动窗	5+16Ar+5lowe+16Ar+5lowe 暖边	0.8 ~ 1.0	0.38 ~ 0.41
铝塑共挤 94 系列被动窗	5+16Ar+5lowe+16Ar+5lowe 暖边	0.9 ~ 1.1	0.38 ~ 0.41
铝塑共挤 84 系列被动窗	5+16Ar+5lowe+16Ar+5lowe 暖边	1.0 ~ 1.2	0.39 ~ 0.4
铝塑共挤 110 系列被动门	5+16Ar+5lowe+16Ar+5lowe 暖边	1.0 ~ 1.2	0.38 ~ 0.41
铝塑共挤 75 系列被动窗	5+12Ar+5lowe+12Ar+5lowe	1.2 ~ 1.4	0.39 ~ 0.41
铝塑共挤 70 系列平开窗	5+12Ar+5lowe+12Ar+5lowe	1.3 ~ 1.5	0.42 ~ 0.45
铝塑共挤 66 系列平开窗	5+12Ar+5lowe+12Ar+5lowe	1.4 ~ 1.6	0.43 ~ 0.45
铝塑共挤 60 系列平开窗	5+12Ar+5lowe+12Ar+5lowe	1.6 ~ 1.8	0.43 ~ 0.45

Uw ≤ 0.8w/（m²·k）

4 mm 纳米微发泡保温层
耐酸碱、抗腐蚀、更保温、更隔音

软硬共挤复合胶条
采用汽车 EPDM 发泡复合胶条，
具有良好的吸收压缩变形的能力，
传热系数更低，气密性能优异

PA66 54 mm 异形隔热条
高效地阻断了热量在型材上的传导，
从而起到优质的隔热保温性能

三玻两腔中空玻璃
有效降低门窗玻璃热量损失效果，
暖边 5Lowe+16Ar+5+16Ar+5Lowe，
具有更好的保温隔音效果

保温闭孔海绵
在腔体填充专用填充料，
有效阻挡声音、热量等传递，气密性、
静音效果远高于普通门窗

铝塑共挤 104 系列被动窗

Uw < 1.4w/（m²·k）

4 mm 纳米微发泡保温层
耐酸碱、抗腐蚀、更保温、更隔音

软硬共挤复合胶条
采用汽车 EPDM 发泡复合胶条，
具有良好的吸收压缩变形的能力，
传热系数更低，气密性能优异

6060-T66 超高精级铝材
门窗的强度和抗风压性能更加优
秀，
结构更坚因，无惧台风展雨

三玻两腔中空玻璃
有效降低门窗玻璃热量损失效果，
内外保持适宜的温度，
具有更好的保温隔音效果

PA66 尼龙隔热条
高效地阻断了热量在型材上的传导，
从而起到优质的隔热保混性能

铝塑共挤 75 系列被动窗

项目名称： 河北省曹妃甸党校迁建项目

项目概况： 设计要求整窗节能K值≤1.0 W/（m^2·K），隔声40 dB以上。配置铝塑共挤104系列型材（5Low-e+16Ar+5+16Ar+5low-e中空玻璃暖边隔条），配合外墙外保温全部外挂安装，透汽膜、隔汽膜配节能附框。项目建成后符合河北省超低能耗被动房标准，达到绿色三星，气密性8级，水密性6级，抗风压9级。

项目名称： 河北省玉田学校项目（装配率75%）

项目概况： 设计要求整窗节能K值=1.6 W/（m^2·K），隔声35 dB以上。配置铝塑共挤66系列型材（5Low-e+12Ar+5+12Ar+5中空玻璃），达到装配式建设完成建筑要求及性能，全部悬空外挂安装。项目完工后符合75%节能标准，气密性7级，水密性4级，抗风压7级，节能附框装配式软连接满足性能要求。

海瑞高昕科技发展（成都）有限公司生产基地

海瑞高昕低碳节能系统门窗

强　海

海瑞高昕科技发展（成都）有限公司

　　海瑞高昕科技发展（成都）有限公司（后文简称：海瑞高昕）成立于2004年，于2020年创立新疆、四川两大生产基地，海瑞高昕是一家集研发、制造、服务于一体的低碳节能系统门窗企业。20年来严守诚信为本精神，精研门窗行业国家标准、地方标准、行业规范，是优质的门窗服务商，数百家优秀房企的战略合作单位，提供全方位的门窗解决方案。海瑞高昕是国家标准GB 55015—2021《建筑节能与可再生能源利用通用规范》配套门窗、幕墙产品研发单位，国标《建筑幕墙、门窗通用技术条件》标准参编单位，城乡建设领域创新产品技术碳中和承诺示范单位。

　　海瑞高昕采用高性能复合材料和铝合金系统相结合，整窗传热系数$K \leqslant 0.8$ W/（m²·K），经过被动式低能耗和防火玻璃ESF（保温耐火）系统配置后，整窗实现低能耗的同时又满足耐火完整性0.5/1.0 h。

◆ 物理参数

65 断桥铝合金节能耐火窗（HAYRAY ESF AI 65）

常规参数：结构厚度为65 mm；铝合金壁厚为1.8 mm；玻璃为5Low-e+9Ar+5+9Ar+5防火； 五金采用国内品牌五金；胶条采用三道EPDM密封胶条，制作防火窗时配阻燃胶条。

75 断桥铝合金节能耐火窗（HAYRAY ESF AI 75）

常规参数：结构厚度为75 mm；铝合金壁厚为1.8 mm；玻璃为5Low-e+12A+5Low-e+12A+5防火；五金为国内品牌五金；胶条为采用三道EPDM密封胶条，制作防火窗时需配阻燃胶条。

95 被动式低能耗节能耐火窗（HAYRAY ESF AI 95）

常规参数：结构厚度为95.8 mm；铝合金壁厚为1.8 mm；玻璃为5Low-e+12Ar+5Low-e+12Ar+5防火暖边间隔条。

五金为进口品牌五金；胶条采用三道EPDM，软硬共挤复合密封胶条，玻璃内外两侧为两道玻璃密封胶条，玻璃与框体间缝隙填塞PE发泡胶条。

制作防火窗时配阻燃胶条。

◆ 产品材质

材质为断桥铝合金。窗户内外侧为铝合金材质，中间断桥隔热条为玻纤聚氨酯加强芯，隔热条腔体内为聚氨酯发泡填充。

◆ 性能指标

65 断桥铝合金节能耐火窗

水密性：5级

气密性：7级

抗风压性：8级

耐火完整性：0.5～1 h

HAYRAY ESF Al 65

配合三玻整窗传热系数K值可达 2.0~1.6 W/（m²·K）

配合防火玻璃耐火时间 0.5/1.0 h

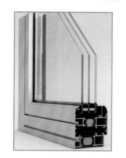

HAYRAY ESF Al 75

配合三玻整窗传热系数K值可达 1.6~1.3 W/（m²·K）

配合防火玻璃耐火时间 0.5/1.0 h

HAYRAY EsF Al95 超低能耗门系统

配合三玻整窗传热系数K值可达 1.2~0.9 W/（m²·K）

配合防火玻璃耐火时间 0.5/1.0 h

75 断桥铝合金节能耐火窗

水密性：6级

气密性：8级

抗风压性：9级

耐火完整性：0.5～1 h

95 被动式低能耗节能耐火窗

水密性：6级

气密性：8级

抗风压性：9

耐火完整性：0.5～1 h

◆ 产品优势

海瑞高昕节能耐火窗结构，使用高性能复合材料和铝合金系统相结合，通过闭模、注射、拉挤工艺成型，集保温、承载、耐火于一体，其强度可媲美钢材，抗弯能力是钢材的3倍、铝合金的5倍；耐受800℃以上高温，熔点超过1 000℃，能够很好地兼顾耐火性能和保温性能。

经过被动式配置后，导热系数可达0.8 W/（m·K），耐火性能可达C类0.5～1 h，水密性可达6级，气密性可达8级，抗风压性可达9级，最大隔声可达45 dB。

案例精选

项目名称： 广汇·御锦城

项目概况： 位于乌鲁木齐市，占地面积7.6万 m²，建筑面积35万 m²，门窗面积19 468.51 m²；本项目执行铝合金门窗新规，窗壁厚为1.8 mm。要求窗性能参数$Kw \leqslant 1.5$ W/（m²·K）；耐火完整性0.5 h；窗户壁厚1.8 mm。使用海瑞高昕75断桥铝合金节能耐火窗，工程于2023年6月完工，已投入使用。

项目名称：阳光恒昌—恒璟美筑

项目概况：位于乌鲁木齐市，占地约109 161 m²，建筑面积261 474 m²，容积率1.78。本项目住宅外墙保温设计为B1级结构一体化保温系统，设计外窗为断桥铝合金系统节能窗，要求窗性能参数$K \leqslant 1.5$ W/（m²·K）；耐火完整性0.5 h；隔音降噪38 dB。使用海瑞高昕75断桥铝合金耐火窗，门窗用量16 480.04 m²。

项目名称：新疆建筑节能重点实验室能力建设（零能耗示范）项目

项目概况：建筑面积1 130 m²，新疆首个零能耗建筑，用于零能耗技术研究、推广。产品使用海瑞高昕聚氨酯门窗75系列，窗性能参数$K \leqslant 0.8$ W/（m²·K），门性能参数$K \leqslant 1.0$ W/（m²·K），门窗用量215 m²。于2023年11月完工，已投入使用。

璞玉被动式防火防盗门

陆代胜

上海璞玉门业有限公司

上海璞玉门业有限公司厂区

上海璞玉门业有限公司（后文简称：璞玉）成立于2006年，注册资金5 000万元人民币，工厂面积约20 000 m²。从事中高端钢木质被动式进户门、被动式防火门、被动式楼宇单元门、被动式酒店隔音门方面的研发，是生产、销售、安装一体化制造业公司，年产值达2亿元人民币。业务主要与国内外知名房地产商合作开发中高端楼盘。

璞玉始终坚持"择一事、终一身、做好人、做好门"的经营理念，利用自身优势，专注于门业研发、设计、生产制造，获得多项发明专利，产品质量得到市场的高度认可，先后为绿地集团、碧桂园集团、华发集团、融创集团、万科地产、佳兆业、招商地产、宏润地产等著名地产公司提供优质的产品和完善的售前售后服务，得到了终端客户的一致好评。

先进的流水线生产方式

（1）璞玉被动式装甲门–被动式防火门，隔热系数K值达到0.81 W/（m²·K）。保温性能10级，主要体现在材料本身不传热、不导电。

（2）升级为被动式隔热标准，具有行业内独特的专利技术。

（3）门框、门扇主材选用高分子隔热板材，具备耐腐蚀、耐氧化、隔热、防火等功能。除面板和五金配件外，使用年限可与房屋不动产同等，并获装甲门发明专利。

（4）客户在使用过程中可随意对整樘门表面面板进行更换，比如原木面板、铸造铝面板、高级岩板等各种款式、各种颜色的高中低端产品。

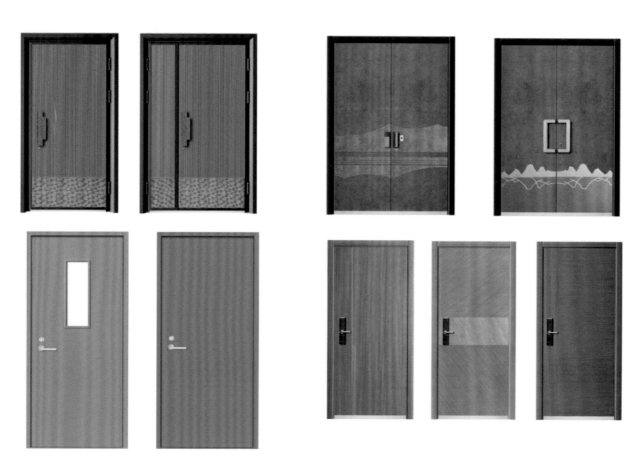

多类型被动门产品

行业内被动门产品技术标准和工艺材质比对表

部位 / 材料	璞玉门业	其他
门框材料	钢木结合隔热材料 （镀锌钢板＋压缩木密度0.9Kg／m³高于黄花梨木）	钢板 （二次隔热处理，生锈）
门框工艺	复合组装成型工艺 （钢木隔断隔热发明专利优势）	钢板折弯焊接工艺
门框大小	70 mm×115 mm （小巧美观，不占空间）	≥160 mm （通过厚度达到隔热标准）

续表

部位 / 材料	璞玉门业	其他
门框油漆饰面	水性环保漆	油性漆居多
门扇四周外饰材料	隔热节能材料	钢板折弯焊接工艺
门扇内饰材料	防火珍珠岩板加防盗钢板 （防盗钢板与节能材料自然隔离）	防火珍珠岩板加钢板
门扇厚度	90 mm（小巧美观，不占空间）	≥ 110 mm
五金工艺	铰链（三维可调不锈钢 304 材质）	不详（同行）
门扇油漆饰面	水性环保漆	油性漆居多
隔声指标	38 dB	不详（同行）
传热系数	K=0.81 W/（m²·K），10 级	不详（同行）
专利技术优势	发明专利产品。特有的发明专利，可升级为被动式进户装甲门或被动式普通防火门，又称为可拆卸式被动门 优势 1：可以根据业主的需求，在不拆卸门框门扇、不碰坏墙体的情况下升级改造整套门，更换整扇门正反面的面板和五金； 优势 2：在交付使用前，因交叉施工导致的局部碰坏、擦伤掉漆等，无须更换整樘门，仅需对损伤部位修复即可，省时、省力、省钱	不详（同行）

案例精选

石家庄同福当代府

上海临港顶科社区

上海普陀品尊国际

秦皇岛南岭国际

青岛广璃新材料科技有限公司生产基地效果图

广璃超级保温隔热真空玻璃

王　镭

青岛广璃新材料科技有限公司

青岛广璃新材料科技有限公司（后文简称：广璃）创建于2020年，是专注于真空玻璃研发、生产、应用，以及真空玻璃设备制造的高新技术企业。公司与央企中远重工联合研发真空玻璃连续生产设备，打造国内领先的真空玻璃生产、真空玻璃设备制造综合服务基地。广璃技术团队是真空玻璃行业的领先者，广璃的目标是打造真空玻璃行业第一品牌，广璃科技团队参与国家真空玻璃相关标准的研讨和制定，是真空玻璃检测国家标准制定者之一。

◆ 物理参数

广璃真空玻璃物理参数

玻璃品种	总厚度（mm）	U 值 [W/（m²·K ）]	噪声（dB）
单腔 LOW-E 中空玻璃	22 ~ 30	1.9 ~ 1.5	33 ~ 35
双腔 LOW-E 中空玻璃	40 ~ 50	1.5 ~ 0.8	36 ~ 37
LOW-E 真空玻璃	6 ~ 12	0.9 ~ 0.7	36 ~ 37
LOW-E 夹胶真空玻璃	10 ~ 15	0.8 ~ 0.5	39 ~ 40
复合型 LOW-E 真空玻璃	15 ~ 30	0.5 ~ 0.2	39 ~ 44

案例精选

青岛国际经济合作区（中德生态园）

青岛大荣世纪恒温恒湿写字楼

潍坊寿光农业大棚

高端酒柜

青岛胶东国际机场

泰诺风德国生产基地

泰诺风隔热条和 TES 暖边间隔条

李 进

泰诺风泰居安（苏州）隔热材料有限公司

　　泰诺风集团公司（后文简称：泰诺风）1969年创建于德国卡塞尔，是全球著名的专业生产和销售各种热塑混合精密型材企业。泰诺风自成立以来，不断开拓全新业务领域，如今产品已广泛运用于航空、航天、汽车、铁路、海水淡化、石油开采、电气工程以及建筑门窗幕墙等多个领域。分布在全球40多个国家的14间工厂、45个办事处，确保无论身在何处的客户，都能得到不间断的服务。

　　泰诺风拥有1 000多项高精密专利技术和训练有素的专业团队，可根据客户对型材的需求，提出合理化建议，从想法到设计方案，再到模拟计算，优化改进，为客户提供一套完整的解决方案。

　　◆ 物理参数

　　精选原材料，严格按照 GB/T 23615.1–2017《铝合金建筑型材用隔热材料 第1部分：聚酰胺型材》标准执行，使用一级原材料聚酰胺66+玻璃纤维，确保隔热条具有优异的抗拉强度、耐老化性能。

　　泰诺风隔热条通过SGS检测，不含任何有害物质。确保高温天气情况下，隔热条不散发任何危害身体健康的有害气体。

　　核心挤压技术，改变玻璃纤维在隔热条内部的排布，每根合格优质的隔热条内部的玻璃纤维都是纵横交错排布的，保证三维方向上的抗拉强度一致。

尺寸稳定，精度高。热条外形尺寸的精度影响型材的复合质量，隔热条的尺寸精度不足容易造成隔热条型材外形尺寸偏差及内应力的产生，进而影响隔热门窗的水密性、气密性、抗风压性。

完善的质量管理体系，产品可追溯。全球14个工厂执行统一的质量管理体系，每根泰诺风隔热条上均有不可擦除的"TECHNOFORM"激光打码（每组标记间距40~70 cm）。

查询方法： 将隔热条防伪编码段的照片发送至"泰诺风集团"公众号后台，即可鉴定产品真伪。

泰诺风隔热条防伪编码

全球质保，为泰诺风生产的每1 m隔热条负责。泰诺风隔热条由德国的保险公司Gothaer提供全球安全事故联保5 000万欧元，是隔热条行业具有保险资质的企业之一。

◆ 泰诺风暖边

在玻璃板之间采用泰诺风暖边间隔条产品，能够改善边缘的隔热性能，保证峰值水平的气密性，不仅可以大幅降低能量损失，还可以明显减少窗口边缘的结露现象，从而防止霉菌出现。

舒适宜居，提高中空玻璃内温度，有效防止玻璃边缘结露。

外形美观，尺寸齐全，色彩多样，使建筑外形更加丰富多彩。

采用专利钢线保证外形高度稳定，适用中大尺寸玻璃。

泰诺风多种暖边间隔条

泰康大楼16.85 m×3.1 m 超大尺寸玻璃获得吉尼斯纪录

PVC暖边长期使用后会褪色变化呈黄色，泰诺风暖边材质为食品级聚丙烯，稳定性好，优异的抗紫外线性能可保证在长期耐候条件下不变色，无挥发，确保中空玻璃的长久使用。

泰诺风为生产的每1 m暖边提供质保。

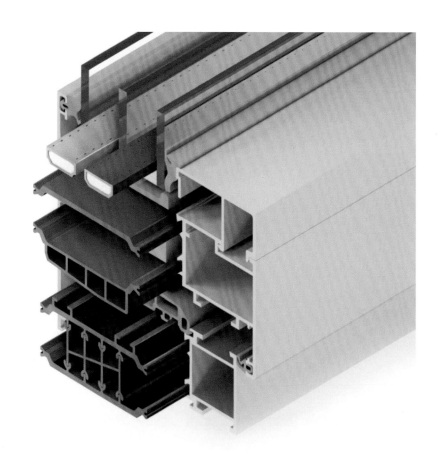

优质的暖边间隔条确保中空玻璃长久使用

项目名称: 北京五棵松冰上运动中心

项目概况: 北京五棵松冰上运动中心是世界首个大型被动式超低能耗体育建筑,整体采用高性能围护结构,外墙为高性能真空绝热板,屋面是玻璃棉、真空绝热板,玻璃幕墙玻璃为Low-E三玻两中空构造,中间充氩气严格隔绝冷热桥。该项目首次大面积安装传热系数低于1.0 W/(m²·K)的高性能玻璃幕墙,幕墙采用泰诺风TES暖边条间隔,助力被动式建筑设计优化落地。

意大利博邦装甲门

专业的意大利博邦装甲门生产线

意大利博邦装甲门

卢良芬

温州市博邦门业有限公司

　　温州市博邦门业有限公司总部位于温州市瓯海区泽雅镇。是欧洲著名装甲安全门制造商意大利GRUPPO PRIMAVERA S.R.L.旗下品牌。

　　意大利GRUPPO PRIMAVERA S.R.L.创建于1962年，总部位于意大利罗马，是生产装甲安全门的大型专业工厂。历经五十多年两代传承的工匠精神，现年销量占意大利本土的40%，成为欧洲出众的装甲安全门制造商和旗舰企业。

　　主要生产意式装甲被动门、意式中轴门、装甲门、铜门、铸铝门、实木复合门、意式圆弧装甲门等近千款产品。在满足个性化定制需求的同时，散发出高端品质家居的生活魅力。

　　◆　物理参数

　　全系列产品包括全铝被动系统装甲门（重型）、全铝被动系统装甲门（轻型）全铝被动系统装甲防火门等。产品的技术核心是特有的"超低能耗技术"和"铝合金 型材双热断桥+三阶两腔密封"结构。采用隔音保温棉、保温隔热门芯等高性能材质，产品达到卓越的保温性能，其K值≤1.0 W/（m²·K），能满足中国北方极寒冷地区及南方夏热冬冷地区使用要求。

◆ 产品材质

1. 门框组成

（1）主框

门框结构创新设计为全铝合金型材结构断桥工艺门框；门框采用2.5 mm厚铝合金新型型材，门框前后片采用传热系数极低的尼龙隔热条做热断桥结构连接，从而有效地阻断了热量通过门框的传递，具备了德式断桥工艺的保温、隔热和密封的要求。

（2）门框前套线

门框正面用铝合金制成的前套线作为装饰，也可用金属类、石材类、木质类前套线进行装饰，满足与墙体装饰风格完美统一的要求。

（3）密封条

全系产品密封件采用自主研发的三元异丙复合橡胶密封条，在门框上设置有不少于3道的密封结构。抗老化、抗变形、密封性能高，外观美观大方，平整光滑，弹性强；隔音性与气密性完美；达到良好的防火、保温、隔声、气密等性能要求，具有较长的使用年限。

2. 门扇组成

（1）门扇型材

设计为全铝合金型材结构断桥工艺包边；型材包边采用2.5 mm厚的铝合金新型型材，包边前后片采用传热系数极低的尼龙隔热条做热断桥结构连接，从而有效地阻断了热量通过门框传递，具备了德式断桥工艺的保温隔热、密封的要求。

（2）重型/轻型/防火门

因为门扇断桥型材强度不如整体型材强度高，故用钢板门芯骨架与断桥型材通过M5螺丝连接的特殊工艺方法，使门扇铰链安装与钢板骨架直接连接，增强了意大利风格的卡门整体强度，有效地防止扭曲变形，保证门扇的平整性。

（3）饰面板

分前饰面板和后饰面板，可以定制设计、随意更换，满足不同的设计风格；材质上可选择钢、铝、铜、木、岩板等家居建材，其外观更易与装饰环境相匹配。

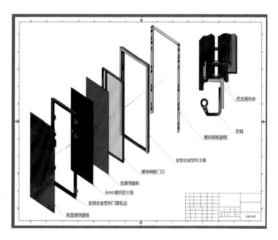

产品材质

产品性能指示要求表

产品类别	地区	K 值 / W·（m²·K）⁻¹	防盗等级	防火等级	水密性能	气密性能	抗风压	噪声 dB
重型系统门	北方	≤ 1.0	甲级		4 级	8 级	9 级	36
轻型系统门	南方	≤ 1.2	甲级		4 级	8 级	8 级	39
防火系统门		≤ 1.5		乙级	4 级	8 级	8 级	36

项目名称：伊泰·天骄

项目概况：成都伊泰·天骄位于成都攀成钢片区，由参与迪拜棕榈岛设计的菲利普·考克斯全程规划设计，采用博邦JD-015纯意式装甲门。

炎图超低能耗防火门窗、耐火窗

秦 虬

炎图防火科技（浙江）有限公司

炎图防火科技（浙江）有限公司生产基地

炎图防火科技（浙江）有限公司（后文简称：炎图）是专业从事铝合金、钢、木节能防火建筑构件全系产品研发、生产及销售的一体化厂家。主营产品有断桥铝、钢、木防火门窗、甲乙两级超低能耗防火门窗，铝合金超低能耗耐火窗；产品经应急管理部消防检测中心及国家产品质量研究院评定认可。

炎图于2021年与江苏省建设机械金属结构协会共同建立了"江苏省高性能建筑门窗产业技术研究院铝合金防火节能窗技术创新中心"，致力于提高建筑外墙防火窗、耐火窗防火性能，保证保温、水密、气密、抗风压等性能的完整性，助力超低能耗建筑消防安全性能。产品成功入选涵盖江苏、浙江、上海、安徽三省一市的"长三角"高性能建筑门窗部品（件）推广技术目录。

防火检测

标准化生产车间

◆ 物理参数

超低能耗耐火窗、防火窗在传统断桥铝合金窗结构上进行优化，经过检测机构多次测试，反复改进，保证外窗的保温性、水密性、气密性、抗风压性、隔声性、耐火性俱佳。超低能耗耐火窗规格包括80系列（44 mm隔热条）到100系列（64 mm隔热条），整窗K值≤1.4 W/（m²·K），可以满足我国不同气候条件下的外窗性能要求。

◆ 结构

1. **窗框**：采用国标断桥铝型材，腔体填充防火膨胀密封件等防火封堵材料。

2. **断桥型材**：采用钢制连接件进行加固连接。

3. **胶条**：采用阻燃型三元乙丙密封胶条。

4. **玻璃胶**：采用耐高温型阻燃密封胶。

5. **五金**：根据项目要求采用标准五金，可制成内开、内倒、上悬、平开等各类防火/耐火窗。

6. **防火玻璃**：根据项目设计要求选用不同规格防火玻璃。

美观的超低能耗耐火窗

炎图耐火窗防火窗主要性能指标

产品类别	K值/W·(m²·K)⁻¹	气密性能	水密性能	抗风压性能	防火等级	耐火完整性能/h	耐火隔热性能/h
80系列超低能耗耐火窗	$K \leq 1.4$	8级	6级	9级		≥1.0	
90系列超低能耗耐火窗	$K \leq 1.2$	8级	6级	9级		≥1.0	
70系列铝合金乙级防火窗					乙级	≥1.0	≥1.0
70系列铝合金甲级防火窗					甲级	≥1.5	≥1.5
105系列铝合金甲级防火窗	$K \leq 1.1$	8级	6级	9级	甲级	≥1.5	≥1.5

备注：根据不同区域设计标准，产品配置性能可做相应调整。

案例精选

项目名称：温州华润万象城

项目概况：项目位于温州市瓯海区，采用断桥铝A类乙级防火窗。

项目名称：南京证券大钟亭营业中心办公楼改造工程

项目概况：项目位于南京市鼓楼区大钟亭路，采用断桥铝A类甲级防火窗。

项目名称：澳门协和商业

项目概况：澳门协和置业商业楼改造，采用断桥铝A类2 h防火节能窗。

山东易欧思门窗系统科技有限公司现代化厂区

易欧思 ES101 被动窗

冯国辉

山东易欧思门窗系统科技有限公司

山东易欧思门窗系统科技有限公司（后文简称：易欧思）隶属于山东华建铝业集团，是国内全铝门窗幕墙系统生产企业，专业从事门窗幕墙系统及五金配件的研发设计、生产加工、销售安装以及电子商务、软件开发技术服务等。

易欧思建有国家认可实验室和省级企业技术中心，主要生产科研设备从美国、德国、法国、瑞士、以色列、英国引进，汇集了众多门窗幕墙科研人员，拥有一支专业化、高水平的研发团队，研发的易欧思门窗系统具有自主知识产权，获得国家专利百余项。

建筑装饰全系列铝产品，包括平开系列、推拉系列、建筑遮阳系列、通风系列、阳光房系列、幕墙系列等，以优良的保温隔热性能和智能化控制系统，满足不同人文、地域和气候需求，配套专用设计软件、完善的技术支持和免费的技术培训，为客户提供完善的门窗幕墙解决方案和从采购到成品的一站式服务。

易欧思标准厂房

◆ 物理参数

易欧思ES101被动窗是应用于被动式建筑和超低能耗建筑的高性能外窗。通过了德国PHI认证，其各项性能参数均达到了国标最高级，满足超低能耗建筑的设计要求。

ES101系列被动窗创新技术应用如下：

（1）铝型材采用华建6060-T66超高精级生产工艺和64 mm异形隔热条，隔热条腔体采用保温闭孔海绵，有效减少热量的传导，不含玻璃的窗框U_f值低至0.8W/（$m^2 \cdot K$）。

（2）玻璃采用三玻两腔高性能Low-E和暖边技术，中空腔体充入稀有气体（氩气），从辐射、对流、传导三个热量传递途径，降低了玻璃传热系数，提高了被动窗的保温性能。

（3）框扇角部和中梃T连接部位，采用了注胶工艺增强了结构连接强度和密封性能。

（4）密封胶条采用复合式发泡材质性能优良。

·密封效果更好，发泡海绵材料压缩变形率低，具备良好的回弹性。

·能够满足设计和安装中的尺寸误差；

·低温条件下硬度变化不大，耐低温性能更加优越；

·导热系数低至0.035 W/（$m \cdot K$）；

·窗扇关闭力小，反弹力小，关闭噪声低；

·密实胶条（邵氏硬度A：65±5HA），发泡胶条（邵氏硬度A：35±5HA）；

·隔声性能优异；

·提高了门窗的气密性能和水密性能。

（5）采用外挂式或半外挂式安装工艺，门窗和外墙保温层形成等温线，有效地减少了门窗安装热桥，提高了保温性能。

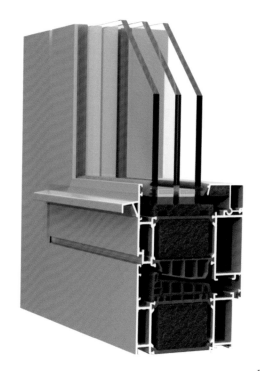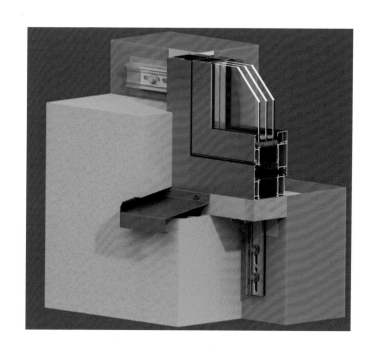

易欧思 ES101 系列被动窗

（6）型材采用阶梯式排水结构设计，室内侧型材高于室外侧型材，防止雨水倒灌；且室外侧型材上设计有导流槽并开设排水孔，使雨水能顺利排出室外，提高整窗的水密性能。

（7）创新设计拱桥型的玻璃托，避免在型材与玻璃之间的间隙处形成积水，实现规划性排水。玻璃托板为非金属材质，避免热桥，提高保温性能。托板背部设置加强筋，单点承重高达150 kg，满足大版面超厚玻璃的承重需求。

（8）玻璃外侧采用软硬共挤复合胶条，具有良好的吸收压缩变形的能力，传热系数更低，密实层靠室外侧起到更好的密封效果。

（9）开启五金，采用隐藏式内平开下悬的铰链，避免明装铰链在合页处漏气，在外形美观的同时大幅提升了整窗的气密性，采用无基座执手，整窗内视统一美观，连杆采用尼龙材质，在开启灵活的同时，也减少了开启时传统铝连杆与型材之间的摩擦噪声。

（10）配套耐火材料，可实现30~60 min耐火完整性。

ES101
PASSIVE WINDOW
被动窗

K=0.79 W/（m²·K）

产品获 PHI 认证

案例精选

项目名称：华建大酒店

项目概况：华建大酒店建筑总面积7.1万 m²，是我国首家五星级被动式超低能耗酒店，项目采用易欧思EF60HI被动式幕墙、ES101系列被动窗、ES110被动门等获得德国PHI国际认证的被动式产品，应用集团旗下星冠玻璃生产四玻三腔多片高性能Low-E玻璃和4SG暖边技术。

融华玻纤聚氨酯复合材料门窗及型材

于洪利　褚兆云

济南融华新材料技术有限公司

济南融华新材料技术有限公司充分依托济南城市建设集团的产业优势与万华集团的聚氨酯原料及技术优势，共同构建现代化产业发展体系，打造聚氨酯绿色生态产业链为战略指导，业务聚焦高性能聚氨酯复合材料、聚氨酯建筑节能及部品、聚氨酯表面材料、聚氨酯功能性材料等的产品研发、生产与销售。产品广泛应用于建筑工业、绿色能源、汽车交通、航空航天、生活家居等领域。

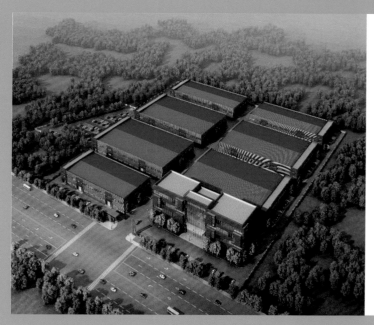

济南融华新材料技术有限公司厂区效果图

玻纤聚氨酯复合材料门窗及型材物理参数

性能	铝合金	塑钢（PVC 型材）	尼龙隔热条	聚氨酯复合材料
密度 /g·cm⁻³	2.79	1.5	1.3	2.1
导热系数 /W·（m·K）⁻¹	160	0.35	0.3	0.34
耐火性	熔点 680℃	熔点 280℃	熔点 150～250℃	熔点 1 000℃以上
弯曲强度 /MPa	250	30	80～180	1 400
弯曲模量 /GPa	70	4	4	41
比强度 /103 N·m（kg）⁻¹	89.6	21.4	61～138	839
比刚度 /106 N·m（kg）⁻¹	17～28	1.5～3	1.5～3.8	21.7

◆ 物理参数

聚氨酯复材耐火性好、质轻、高强，截面更小、通透性更好。

聚氨酯复合材料门窗

案例精选

项目名称： 济南科创城·数字科技产业园
项目概况： 济南科创城·数字科技产业园的窗户采用济南融华新材料技术有限公司生产的节能型玻璃纤维增强聚氨酯门窗。

项目名称： 鲁澳大健康科技园
项目概况： 鲁澳大健康科技园是山东省与港澳台深化合作的重要成果，园区建筑的窗户采用济南融华新材料技术有限公司生产的节能型玻璃纤维增强聚氨酯门窗。大开窗、大采光、大面宽。既可以满足内部自由分割的需求，又可以做到南北通透，兼顾采光。

浙江凯华门业有限公司厂区　　　　　　　　　浙江凯华门业有限公司生产车间

皇士金盾被动式装甲耐火防盗安全门

黄善忠

浙江凯华门业有限公司

浙江凯华门业有限公司占地 3 万多m²，员工300多人，具有日产200樘的产能，产品包括铸铝装甲门、铝艺庭院门、铸铝围栏等多品类，可提供定制化入户门，是集铸铝板设计、开模、整门制造、营销、服务为一体的的大型知名公司，注册商标"皇士金盾"。所有产品按照"德式超气密节能装甲门"定位，100%拥有最先进的德国工艺结构、配用世界高档轿车级密封条，保证了"超气密超隔音超静音超节能"的独特性能。

公司拥有30项外观专利和多台先进真空铸造门板设备，取得铝木装甲、铜木装甲、钢木装甲全系列防火证。皇士金盾系列产品大气、高贵、轻奢、秀美。

◆ 物理参数

1. 门框

材料选用两组3.0铝型材与尼龙（PA）隔热条组装而成。门框85 mm与门芯厚度一致，使门扇与门框在同一平面，达到混为一体的效果。采用90° 拼接方式，支撑效果更好。

2. 下槛

材料选用两个3.0铝型材与尼龙（PA）隔热条组装而成。下槛高度仅为14 mm，贴附密封条后仅为17.1 mm，达到了平槛，甚至无下槛的效果。

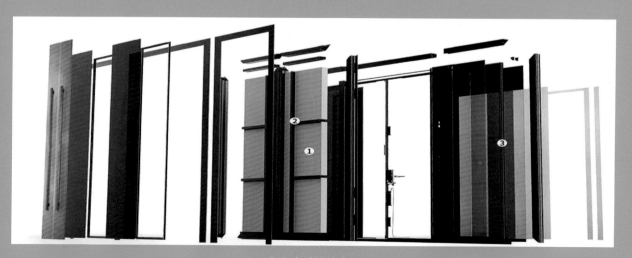

皇士金盾被动式门

3. 门扇

材料选用两组3.0铝型材与尼龙（PA）隔热条组装而成。型材中间空隙选择聚氨酯硬泡剂填充，聚氨酯硬泡剂具有超低温导热率，仅0.022～0.033 W/（m·K），是现有保温材料中导热系数最低的；高效节能，填充后无缝隙，固化后黏结强固；抗震抗压，固化后不开裂，不腐化，不脱落；高效绝缘、隔声，固化后防水防潮。

4. 门芯

厚度85 mm，聚氨酯发泡复合板填充。聚氨酯发泡复合板具有超低温热传导率，耐热保温；高效节能，填充固化后无缝隙，黏结强固；抗震抗压，固化后不开裂，不腐化，不脱落；高效绝缘、隔声、防水防潮。

多型号多规格的被动式门

5. 门扇饰面板

采用进口德赛斯岩板。内饰面为符合国家环保标准的12 mm厚密度板和木皮。

6. 密封件

采用EPDM密封条，发泡与密实相结合的结构，更好地达到密封、保温隔声的效果。EPDM密封条有优异的耐天候、耐臭氧、耐热、耐酸碱、耐水蒸气、颜色稳定性、电性能、充油性、常温流动性、耐老化性，在臭氧浓度50 pphm、拉伸30%的条件下，可达150 h以上不龟裂。

7. 合页

自主研发暗藏式合页。

凯华被动式装甲耐火防盗安全门QTFM-FAMQT-DQ性能指标表

项目名称	检验指标	项目级别
气密性能	10 Pa下，单位缝长每小时空气渗透量为正压0.42 m³/（h·m） 负压0.43 m³/（h·m） 10 Pa下，单位面积每小时空气渗透量为正压0.95 m³/（h·m²） 负压0.98 m³/（h·m²）	正压瞰 负压8级
水密性能	保持未发生渗漏的最高压力为700 Pa	6级
抗风压性能	变形检测结果：正压2.0 kPa，负压2.0 kPa 反复加压检测：正压3.0 kPa，负压–3.0 kPa 安全检测P：正压5.0 kPa，负压–5.0 kPa 安全检测P：正压7.5 kPa，负压–7.5 kPa	9级
保湿性能	传热系数K：1.0 W/（m²·K）	10级

项目名称	检验指标	项目级别
空气隔声性能	R，（C；Cy）=38（−1；−3）dB	内门 4 级 外门 4 级
耐火性能	耐火性能的检测结果符合 GB 12955—2008《防火门》A1.00 的隔热技术指标要求	
防盗安全级别	防盗安全级别的检测结果符合 GB 17565—2022 甲级的技术指标要求； 外观、永久性标记、板材及材质、尺寸公差与配合间隙、防盗安全要求（防破坏性能、防闯入性能、软冲击性能）、悬端吊重性能、撞击障碍物性能、铰链转动性能、锁具要求的检测结果符合 GB 17565—2022 的技术指标要求	

案例精选

项目名称：呼和浩特首创四季园林阳光花园社区——万锦·合泰

项目概况：位于内蒙古自治区呼和浩特市，高端住宅体验区总建筑面积91 880㎡，双排7栋建筑。项目采用浙江凯华门业有限公司生产的超低能耗被动式隔音气密保温防火入户门和被动式断桥防火通道门，钢断桥门框搭配铝断桥门扇，具有很好的隔音、保温、防潮、保湿的效果，各项节能指均达到国标要求。

北京市腾美骐科技发展有限公司研发中心

欧格玛门窗幕墙系统

左　群

北京市腾美骐科技发展有限公司

　　北京市腾美骐科技发展有限公司（后文简称：腾美骐），成立于2003年，位于北京亦庄经济技术开发区，是一家专注于研究和推广绿色节能建筑的科创型企业，属于国家高新技术企业、中关村高新技术企业和北京市专精特新企业。腾美骐主要业务范围包括：超低能耗节能门窗幕墙，超低能耗可移动式房屋，既有建筑超低能耗部品部件的销售和技术服务，既有公共建筑的节能改造。

　　经过十几年的努力，如今腾美骐已经成功转型为以铝合金为主体结构的门窗幕墙系统公司，旗下"欧格玛门窗幕墙系统"在全球范围内率先将天然植物纤维压缩木应用到门窗系统中，开创了欧标C槽口铝型材与纤维木的复合连接方式，取得多项国家发明专利和实用新型专利。

　　2020年腾美骐投入300多万元将研发中心改造成为1 560 m²的被动房，获得了由住建部科技与产业化发展中心、北京康居认证中心及被动式低能耗建筑产业技术创新战略联盟联合颁发的"高能效建筑—被动式低能耗建筑"牌匾及"高能效建筑—被动式低能耗建筑质量标识"证书。

◆ 物理参数

欧格玛 PAW115 被动式窗

欧格玛PAW115窗是一款用于被动式建筑的窗型，其边框料厚度115 mm，中梃部位加开启扇总体可视面宽度最小尺寸172 mm，室内侧为天然植物纤维压缩木，室外侧是断桥铝合金主体结构。可以实现窄边框大采光，高抗风压，特别适合海景窗和高层建筑。铝合金主体结构与建筑同寿命，木材在室内侧起装饰作用，而且方便维护，后期可更换。

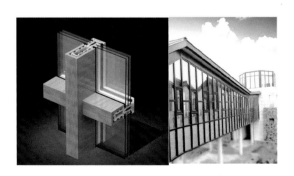

欧格玛 WAC80 被动式幕墙

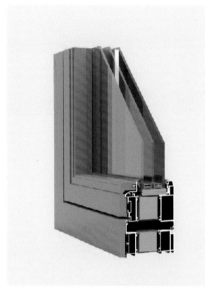

欧格玛 PAD125 被动式门

欧格玛被动式木包铝外开门特点：
（1）天然植物纤维压缩木做室内侧装饰材料；
（2）保温性能好；
（3）防烟防尘；
（4）铝合金五金配置耐受力强，稳定性好；
5. 应用范围广。

欧格玛WAC80被动式幕墙以隔热铝合金为结构主体，保证了幕墙的整体强度，外侧铝不仅可以实现多种颜色的变化，并且具有超强的耐腐蚀性能。内侧的天然植物纤维压缩木密度大、稳定性好，除了提升装饰效果还具有防虫蛀、耐腐蚀、阻燃、环保节能等优势。木铝之间采用尼龙卡扣连接设计，使木铝的连接强度和稳定性牢固可靠。立柱和横梁采用自主研发的铝合金断热保温材料，防止玻璃压板与主柱连接处出现冷桥，进一步提升了隔热性能，K值达到0.78 W/（$m^2\cdot K$）。玻璃配置总厚度超过46 mm，在保证幕墙结构强度的前提下，使幕墙整体K值满足被动式幕墙的要求。幕墙作为建筑立面外围护结构，在受雷击时会有电流通过，天然植物纤维压缩木优异的绝缘性能，提高了室内人员的安全性，适合被动式超低能耗大型公建项目及高层建筑使用。

◆ 产品认证

欧格玛被动门窗幕墙产品入选住建部被动式低能耗产品目录，通过了住建部的康居认证，产品结构与性能通过德国PHI认证。

案例精选

项目名称：青岛中德生态园——弗莱·德建公园

项目概况：弗莱·德建公园位于山东青岛，是由德国弗莱集团自主投资设计建造的被动式示范住宅小区。总建筑面积约6.5万m^2，采用欧格玛木包铝PAW115被动窗和PAD125被动门。该项目已通过德国PHI预认证，荣获2019年国家"十三五"重点研究计划项目，并于2021年7月通过国家近零能耗建筑测评。

项目名称：山东省乐陵市公建项目——图书馆、博物馆、档案馆

项目概况：山东乐陵三馆是图书馆、博物馆、档案馆三馆合一的被动式项目，总建筑面积近1.4万m^2。旨在为乐陵市近70万人提供优质高效的公共文化服务。项目采用欧格玛木包铝PAW115被动窗、PAD125被动门以及被动式WAC80幕墙、采光顶，保证了被动房优异的隔热保温性能，节能降耗，为市民提供了健康、舒适、高效使用的公共空间。

万华绿色建材

李 翔

万华化学（烟台）销售有限公司

万华化学集团股份有限公司（后文简称：万华）是一家国有控股、全球化运营的化工新材料公司，致力于为客户提供更具竞争力的产品及解决方案。2023年万华化学销售额达到1 754亿元，位列全球化工第18位，绿色低碳建材是万华重要的产品，主要包括新一代聚异氰脲酸酯（PIR）保温系统和玻纤增强聚氨酯门窗型材。这些产品在国内外已大范围成熟应用，万华正在加快推动高性能材料在我国绿色低碳建筑中的应用，助力实现建筑行业"双碳"目标。

一、高效保温：新一代聚异氰脲酸酯（PIR）保温产品

新一代聚异氰脲酸酯（PIR）相较于传统聚氨酯（PUR），从分子结构上发生了根本性变化，并且从配方、工艺、设备、性能等方面进行了全面升级，各项性能较传统聚氨酯保温材料也有明显提升，PIR是综合性能优异的保温材料产品。

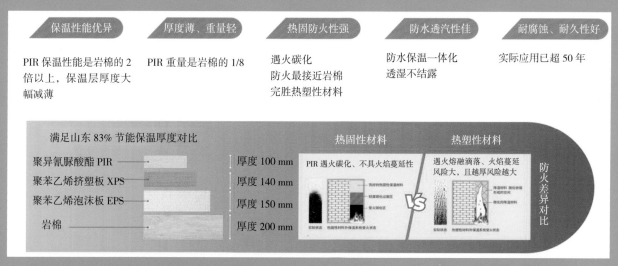

新一代聚异氰脲酸酯（PIR）保温产品

1. 保温隔热性能优异

PIR的导热系数≤0.022 W/（m·K），是冰箱冷柜、冷库、热力管道、LNG低温存储设备等不可替代的保温材料。

2. 防火阻燃性能好

PIR是热固性材料，具有离火自熄性和燃烧后碳化两大特点。

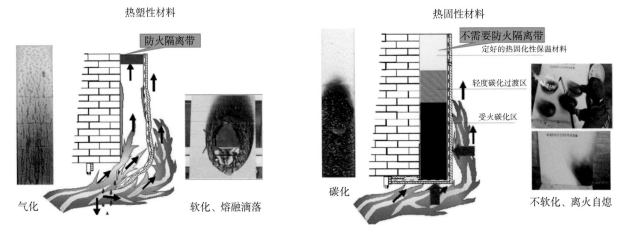

热塑性材料　　　　　　　　　　热固性材料

防火隔离带　　　　　不需要防火隔离带

定好的热固化性保温材料

轻度碳化过渡区

受火碳化区

气化　　　　软化、熔融滴落　　　碳化　　　不软化、离火自熄

PIR 防火性能——窗口火实验中不具有火焰传播性

3. 黏结性好

PIR可以在基材上实现微孔渗入式发泡，能与基材紧密结合、黏结牢靠，提升系统的整体安全性。

4. 防水性能优异

PIR具有封闭的泡孔结构，闭孔率为95%以上，吸水率低，能有效阻隔水汽的渗透，可以实现防水保温一体化。

5. 使用温度范围广

PIR的使用温度范围为–50～150℃，可应用于严寒和高温地区的墙体和屋面。

6. 耐化学腐蚀性好

PIR具有良好的物理化学稳定性，不易与腐蚀性化学品发生物理化学反应，也不会腐蚀接触面建筑基层。

7. 耐候性能好

PIR一旦反应成型，其物化性能可以长期保持稳定。PIR在建筑保温领域的使用最长年限已经超过50年，其性能依然优异，可以达到与建筑同寿命。

PIR在建筑保温中有多种应用方式，主要有板材、喷涂和灌注等。PIR可以用于超低能耗

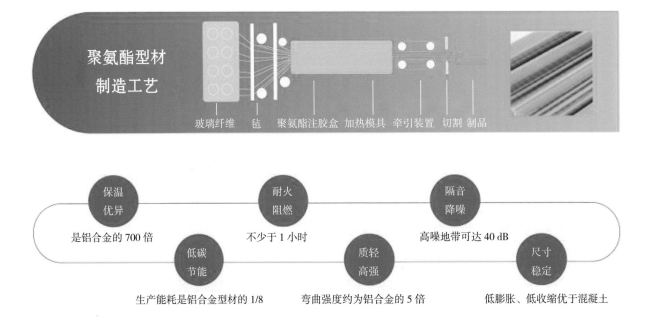

聚氨酯型材
制造工艺

玻璃纤维　　毡　聚氨酯注胶盒　加热模具　牵引装置　切割 制品

保温优异　　　耐火阻燃　　　隔音降噪

是铝合金的 700 倍　　　不少于 1 小时　　　高噪地带可达 40 dB

低碳节能　　　质轻高强　　　尺寸稳定

生产能耗是铝合金型材的 1/8　　弯曲强度约为铝合金的 5 倍　　低膨胀、低收缩优于混凝土

建筑围护结构的内外保温、夹心保温，以及屋面防水保温、楼板隔声保温及地下工程防水保温。

二、低碳节能：聚氨酯门窗型材（低碳节能窗优选材料）

1. 玻纤增强聚氨酯材料

由玻璃纤维和聚氨酯树脂进行复合，运用先进的拉挤工艺加工而成的聚氨酯复材。玻纤增强聚氨酯复合材料（以下简称聚氨酯复材）早期因为强度高、韧性好、耐冲击强度高、耐磨性好，广泛应用于汽车轻量化、高铁枕木、风电叶片、航空航天等领域，现在用于门窗上，使整体性能得到很大提升，为节能门窗提供更好的材料选择，可以显著提高门窗节能指标，满足建筑节能的要求。

2. 聚氨酯复材优异性能的具体表现

（1）氨酯复材保温性能好

聚氨酯复材拥有很低的导热系数（0.34 W/m·K），只有铝合金的约1/700，是优良的绝热材料。

（2）聚氨酯复材尺寸稳定性好

聚氨酯复材的膨胀系数为0.64（$10^{-5}\cdot K^{-1}$），与混凝土膨胀系数最为接近，稳定性高且耐水泥腐蚀，制成的门窗历经冬夏几十度的温差，窗体与墙体变形尺寸差极小，避免窗框与墙体因热胀冷缩而产生缝隙，进一步提高了门窗的密封性和保温隔音性能。

（3）聚氨酯复材耐火性好

玻纤增强聚氨酯门窗仅需简单的防火措施并配以耐火玻璃，制作的门窗即可满足耐火要求，相对于铝合金和塑钢门窗，玻纤增强聚氨酯型材燃烧时的特性赋予了玻纤增强聚氨酯门窗先天性的优异耐火性能。

（4）聚氨酯复材强度高

聚氨酯复材密度小，比铝合金轻25%，但弯曲强度是铝合金的5倍，超高的强度使其型材截面比铝合金小10%，可以做高通透门窗，大幅拓宽居家视野。

聚氨酯复合材料性能优势对比表

性能	铝合金	塑钢（PVC型材）	尼龙隔热条	聚氨酯复合材料
密度（g/cm³）	2.79	1.5	1.3	2.1
导热系数［W/（m·K）］	160	0.35	0.3	0.34
耐火性（℃）	熔点680	熔点280	熔点150~250	熔点1000以上
弯曲强度（MPa）	250	30	80~180	1400
弯曲模量（GPa）	70	4	4	41
比强度［10^3N·m（kg）］	89.6	21.4	61~138	839
比刚度［10^6N·m（kg）］	17~28	1.5~3	1.5~3.8	21.7
线膨胀系数（$10^{-5}\cdot K^{-1}$）	2.2~2.4	5~8.5	2.4~3.5	0.5~0.8

2.5 聚氨酯复材美观度好

聚氨酯复材表面采用高端环保水性聚氨酯涂料，广泛应用于高端汽车，色彩丰富，耐候性表现优异，耐冲击。

2.6 清洁生产，碳排放更低

经过碳排放测算：玻纤增强聚氨酯型材制

造过程碳排放仅仅为铝合金型材的1/8。

材料创新大幅提升了建筑幕墙门窗的保温、耐火性能，整窗具有高效节能、耐火性好、隔音降噪、质轻高强、尺寸稳定、耐化学腐蚀等综合特点，是一种新一代节能幕墙门窗产品。

案例精选

门窗幕墙
玻纤增强聚氨酯
· 高效节能，隔音降噪
· 轻质高强，尺寸稳定
· 耐火、耐久、耐腐蚀

楼地面
PIR 喷涂保温隔声一体
· 地面满粘无接缝
· 既保温又隔声
· 施工高效，经济性好

家具
无醛人造板
· 安全环保，无甲醛释放
· 减少环境污染
· 性能优良

屋面
PIR 喷涂防水保温一体
· 满粘无空腔、无接缝
· 防水性强、粘结力好
· 构造简单、施工高效
· 解决防水保温痛点

墙体
PIR 灌注结构保温一体
· 高效保温　墙体减薄
· 构造防火　等效 A 级
· 非交叉施工、效率高
· 综合造价不增加

涂料
水性环保
· 内墙涂料抗醛净味
· 防水涂料首推水性

项目名称： 万华人才中心近零能耗建筑社区

项目概况： 项目建筑面积18.6万平方米，投资约15亿元，可容纳4 000人；项目采用PIR保温、聚氨酯节能门窗，结合太阳能、地源热泵等可再生能源技术，节能率超过90%，打造近零能耗地标性示范建筑社区。

毅结特紧固件系统（太仓）有限公司生产基地

毅结特超低能耗建筑紧固件

刘　微　郭龙飞

毅结特紧固件系统（太仓）有限公司

　　毅结特公司总部位于德国锡根–维特根施泰因地区，下辖 40 家子公司及 3 800 多名员工，已有100多年历史。分布在欧洲的众多销售公司和办事处，能确保直接与客户联系，并快速提供各类创新紧固件，如金属和塑料所用的自攻螺钉、工程塑料和金属成型零件、屋顶和骨架外墙所用的全套紧固件及固定外部保温复合材料的ejotherm程序。

　　毅结特紧固件系统（太仓）有限公司成立于2005年，坐落在江苏省太仓市经济技术开发区。目前有员工300余名，在华东、华南、华西、华北分别设有销售办事处。

◆ 物理参数

通用性：适用于所有基材（A，B，C，D，E）；适用于各种厚度及类型的保温材料；可沉头式安装，也可浮头式安装。

便捷性：预装配螺钉，安装便捷；最浅的埋入深度，25～65 mm；自动嵌入保温材料。

经济性：安装时间少，最多可缩短40%；无后续填补。

安全性：高承载力；100%安装控制；欧洲ETA认证。

可用于防火隔断。

有效减少热桥〔0.001 W/（m2·K）〕。

持久的压力。

锚栓长度：115～505 mm。

保温层厚度：60～480 mm。

适用于多种基材类型 – 断热保温锚栓

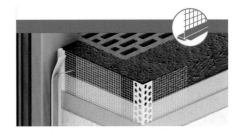

多类型断热产品

◆ ISO Dart——段热桥雨水管支架

EJOT ISO Dart是一种结构紧固件系统，由玻璃纤维增强塑料制成的安装衬套组成，包括高质量的EPDM密封盘和EJOT双立面（8 mm），用于改造由EPS、矿棉和矿物泡沫制成的ETICS外壳上的轻至中等重量附件。

优势是由于负载扩展到地面，负载容量高；减少热折射效应；安装简单快捷；应用范围广泛。

轻型紧固断热锚栓

◆ ISO Spiral旋入保温式热断桥固定件

产品描述：螺旋锚，可将轻型附加部件固定到ETICS。

应用领域：适用于泡沫型隔热材料

优势：螺纹角度确保了绝缘材料的可靠固定；无冷桥接；无须预钻孔；安装简单可靠。

小型断热组件

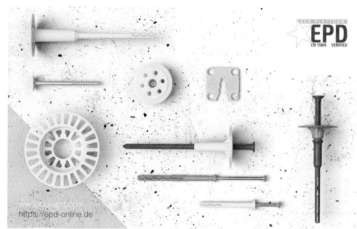

多类型断热构件

案例精选

项目名称： 西安高新天谷雅舍

项目概况： 西安首个超低能耗绿色健康建筑，项目创新营造恒温、恒湿、恒静、恒氧、恒洁"五恒"舒居体验，构筑超低能耗绿色健康大宅，引领西安健康人居时代。西安高新天谷雅舍采用毅结特全新一代Ejotherm STR U全能型保温锚栓，公司性能优良的产品和积极高效的专业服务，赢得了客户高度赞赏。

沪誉绿色建筑保温墙体连接件

钟益龙

沪誉建筑科技（上海）有限公司

沪誉建筑科技（上海）有限公司（后文简称：沪誉建筑）是一家国家级高新技术、专精特新企业，主要从事装配式建筑各种保温系统连接件、锚固件等产品的设计、研发、生产及销售，具备强大的技术服务研发能力，拥有多项自主产权专利产品。

沪誉建筑是中国混凝土与水泥制品协会副理事长单位，参与编制了众多行业标准和规范，包括中国建筑科学研究院有限公司主编的《装配式混凝土夹心保温外墙板应用技术规程》地方标准、北京市建设工程物资协会牵头组织编制的《预制混凝土夹心保温外墙板用金属拉结件应用技术规程》和《装配式建筑绿色低碳部品部件基地评价标准》团体标准、上海市工程建设质量管理协会牵头组织编制的《装配式混凝土预制构件夹心保温墙板不锈钢连接件应用技术规程》团体标准、中国混凝土与水泥制品协会预制混凝土构件分会牵头组织编制的《预制混凝土夹心保温外墙板用非金属连接件应用技术规程》协会标准，并颁布了《预制混凝土外墙板集成HY硅墨烯保温与结构一体化系统连接件应用技术规程》《预制混凝土夹心保温外墙板玻璃纤维增强塑料连接件应用技术规程》企业标准。沪誉建筑始终坚持"安全、节能、低碳"的理念，始终坚持以"品牌、信誉、品质、服务"为宗旨，用专业的知识，助推建筑工业化发展。

产品介绍

◆ 三明治墙不锈钢保温连接件

三明治墙不锈钢保温连接件是HY板型连接件和HY针型连接件配合使用最终实现连接预制夹心保温墙体的三个构造层的功能（内叶墙、保温板、外叶墙），其中HY板型不锈钢连接件用于承受预制夹心保温墙体平面内竖向荷载及水平荷载，HY针型不锈钢连接件用于承受预制夹心保温墙体平面外水平荷载。

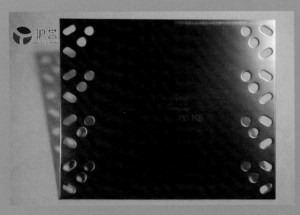

HY 板型连接件

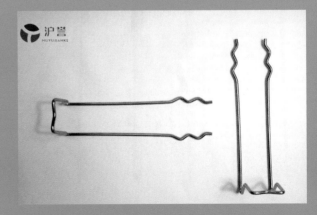

HY 针型连接件

◆ HY硅墨烯一体化锚固件

HY硅墨烯一体化锚固件是以工厂生产的硅墨烯保温板作为建筑外墙保温板，在预制构件厂将其置于预制构件生产的模台底部，在其上绑扎混凝土外墙板的内置钢筋并安装HY连接件，按反打工艺一次浇筑混凝土，HY连接件将保温板（包括抹灰层、饰面层）牢固连接在内叶墙上，形成外表面由抹灰层、饰面层构成的，保温与预制混凝土外墙板一体化构造的外墙保温系统。

（小型）
（直径60mm，长度80mm）

（中型）
（直径80mm，长度120mm）

（大型）
（直径100mm，长度180mm）

HY硅墨烯一体化锚固件

◆ HY保温墙修复连接件

（1）本产品主要用于建筑物外墙保温层与建筑主体连接加固，在墙体（混凝土基体）上预钻引导孔。

（2）产品表面采用工程塑料包覆，显著降低产品导热系数，增强耐久性。尾盘设置多个砂浆渗透孔，增加砂浆与保温板的黏合力。产品锚固（抗拉）性能卓越，尾盘承载力 ≥13 kN，螺纹锚固力 ≥35 kN

HY保温墙修复连接件

◆ HY一体化FRP保温墙连接件

本产品操作简单，直接用橡皮锤敲入保温板或保温板上的预钻孔内，产品上保温层位置设置有倒刺，插入后不容易脱落。产品表面采用工程塑料包覆，显著降低产品导热系数。尾盘设置多个砂浆渗透孔，增加砂浆与保温板的黏合力。产品锚固（抗拉）性能卓越，尾盘承载力 ≥7 kN，螺纹锚固力 ≥35 kN。

HY一体化FRP保温墙连接件

◆ HY-FRP Y型保温墙连接件

（1）本产品适用于夹心保温墙（三明治）墙体，夹心保温叠合墙（双皮墙）墙体等外叶墙与内叶墙连接。

（2）产品采用三角型切削，设置阻力槽，有效提高抗拉能力，三角型安装无需控制方向，施工方便，各方向抗剪性能均匀，产品抗拔及抗剪性能卓越。

HY-FRP Y型保温墙连接件

◆ HY槽式预埋件

HY槽式预埋组件产品通常指由热轧成型的槽钢、T型螺栓和至少两根锚件组成。槽钢背部通常铆接圆型锚件或者焊接I型锚件。槽钢上的钉孔有助于将槽钢固定到木质或其他材料模板上。在槽钢内部有特殊设计的填充料，以防止混凝土在浇筑过程中渗入槽钢内部，在设备安装时去除填充料，并通过T型螺栓连接各种设备。

HY槽式预埋件

案例精选

项目名称： 华发四季河滨（上海）

项目概况： 项目外围护结构采用三明治保温墙体系，并用沪誉板针式不锈钢连接件做三明治外墙连接系统。所用型号为HY-FA-1.5-175-80、HY-FA-1.5-175-120、HY-FA-1.5-175-160、HY-L-04-175。

3. 新风类

浙江德普莱太环境科技股份有限公司厂区

德普莱太被动式建筑环控一体机

张凌云　王啸宇　吴成波

浙江德普莱太环境科技股份有限公司

浙江德普莱太环境科技股份有限公司创建于2004年，总部位于浙江台州，两个生产基地分别在台州路桥区和仙居县，是专注于全热新风系统、新风除湿及新风空调系统（被动式建筑环控一体机）制造、研发、销售的高新技术企业。拥有60多项专利，建造了2个焓差实验室，2个噪声测试室，拥有噪声频谱分析仪、振动频谱分析仪、极小风量测试风洞等专业测试设备。参与多项国家、行业标准的制定。

公司主要生产热回收新风机（全热交换器）、环控一体机、单向流新风机、除湿新风机、空气处理机、转轮机组、校园新风以及符合被动房要求的系列新风产品，风量范围从80~50 000 m³/h。

◆ 物理参数

被动式住宅空气调节机组参数

型号	低温机			等温除湿			立式低温	立式等温除湿
	DBDF-35B-15D	DBDF-50B-20D	DBDF-70B-30D	DBDF-35B-15D-DH	DBDF-50B-20D-DH	DBDF-70B-30D-DH	DBDF-70L-30D	DBDF-70L-30D-DH
标准新风量（m³·h）	150	200	300	150	200	300	300	300
送风风量（m³·h）	500	800	1 200	500	800	1 200	1 200	1 200
制冷热交换率（%）	75	70	67	75	70	67	67	67
制热热交换率（%）	82	78	75	82	78	75	75	75
制冷量（W）	3 500	5 000	7 000	3 500	5 000	7 000	7 000	7 000

制热量（W）	3 900	5 400	7 700	3 900	5 400	7 700	7 700	7 700
电源	220 V~50 Hz	220 V~50 Hz	220 V~50 Hz	220 V~50 Hz	220 V~50 Hz	220 V~50 Hz	220 V~50 Hz	220 V~50 Hz
制冷额定功率（W）	1 100	1 580	2 250	1 150	1 620	2 350	2 350	2 350
制热额定功率（W）	1 200	1 700	2 500	1 200	1 700	2 500	2 500	2 500

室外主机	室内主机（卧式）	室内主机（立式）	控制器开关

◆ 设备选材方面

（1）国际品牌变频喷漆增焓压缩机，质量可靠，寿命长。

（2）大面积可水洗石墨烯全热交换芯体，热回收效率高，漏风率极低。

（3）多功能彩屏控制器，可显示室内外的温、湿度参数，室内CO_2含量，室内外的PM2.5的值，综合控制质量指数TVOC的参数等。

（4）壳体防紫外线喷涂，耐腐蚀性好。

（5）医用级HEPA过滤，可将室内PM2.5降到接近于零。

（6）风机采用直流变频无刷风机，静音、高效。

（7）5G互联网技术，可不在家远程控制设备，根据参数的需要自行控制设备的状态，保证家里家具、衣服、藏品等处于良好状态。

（8）各个地区，小区可以单独远程管理各区域内的设备。

德普莱太人工智能数字平台

◆ 性能方面

（1）在南方使用的设备，采用国内首创的两管制等温除湿技术解决"回南天"时低温高湿问题。

（2）在北方使用的设备，采用喷气增焓技术应对极寒天气，可在-25℃时提供强劲制热效果，对比采用集中供暖，在20～22℃，节能效果非常明显，可节能50%以上。

（3）采用国际品牌直流无刷电机，噪声低，寿命长。

（4）分房间控制体系，可以应对各种需求。

（5）根据各种工况，变频自适应技术压机自动同风量、温度、相对湿度等匹配，使系统达到完美配合。

（6）根据不同客户需求，有相应的逻辑控制方案满足客户。

（7）可配套供应厨房补风阀等硬件、软件。

◆ 优势

（1）从2017年开发到2019年上市，产品经过实际测试，性能稳定，系统可靠。

（2）在实际应用中，从我国南方到北方都有很多项目实例在运行。

（3）公司有数十年的空调制作经验和新风的经验。

（4）各种测试设备，仪器齐全。

（5）同外国公司合作十多年，品控、交货期、产能都有保证。

（6）全国各地主要城市都有客户。

（7）完善的水系统、氟系统环控一体机能满足各种市场需求。

产品认证

产品已通过康居产品认证，PHI产品认证，节能认证，实验室评定等。

案例精选

项目名称：河北石家庄福临名邸小区

项目概况：项目占地面积65 589.62 m²，建筑面积141 696.84 m²，是河北首批超低能耗被动式住宅，为石家庄西南区域首家被动式住宅社区。项目是建造892套全部采用德普莱太被动式建筑环控一体机的被动式住宅。安装两年多时间，起居室噪声在38 dB以下，卧室噪声在30 dB以下，湿度保持40%～60%，环境温度保持在20～26℃。设备单独挂电表实测，100 m²的房子，一年耗电量约为2 900 kw·h。

Swegon 高效转轮全热回收新风机组

章海岩

上海谷饮环境技术有限公司

Swegon集团隶属于Latour投资公司，在欧洲、北美和印度拥有21家生产工厂、3 300多名员工，2023年的营业额为88亿瑞典克朗。是室内环境领域的供应商，提供通风、供暖、制冷和环境优化解决方案、系统互联服务和专家技术支持。上海谷饮环境技术有限公司为Swegon在中国的授权经销商。

GOLD RX具有独特的节能风机、节能热回收和集成节能控制功能，是第一个被认证为被动式房屋组件的商业场所空气处理机组。

Swegon 高效转轮全热回收新风机组　　　　　产品获 PHI 认证

被动房的典型特点是能耗极低、室内空气环境良好。被动房的定义即通过采用超厚保温层、密闭紧凑的结构、隔热良好的门窗和从空气中回收热量，达到尽可能减少电力消耗的建筑。

认证组件对空气处理单元的性能有特殊要求，包括功耗、热回收、气密性、声级和风量控制。GOLD RX 满足高达3.88 m³/s（14 000 m³/h）的气流要求。通常非被动房建筑的单位风量风机功耗值是 2.0，GOLD RX 产生单位风量风机功耗值低于1.6。GOLD RX的能效通过转轮式换热器进一步提高，效率水平为84%～85%，明显高于被动房75%的要求，意味着建筑物的热负荷降低。通过各种通信选项对设备的运行进行全面控制，也有助于降低运行成本。

Swegon 的产品和系统可为高效和健康的室内环境创建完整的解决方案，并已为全球100多个被动式房屋项目提供了产品和系统。Swegon提供的产品经过PHI 认证，组件经过被动式房屋认证，可用于改造安装和使用。

◆ 关于GOLD RX机组

GOLD RX是一系列完整的舒适通风空气处理机组的简称，有多种规格型号，最大风量可达到大约14 m³/s（50 400 m³/h）。机组里的节能风机可以应对越来越高的节能减排要求。GOLD内置的IQlogic控制设备，具有包括通信在内的大量功能，可提供完整系列的配件，例如风阀、消音器、制热盘管、制冷盘管、再循环段、冷水机组和热泵，还有板式换热器和热管换热器。GOLD系列经过Eurovent认证，编号：AHU-06-06-319。

GOLD RX 认证的有关参数

GOLD RX 型号	风量范围				最大机外静压	耗电量
	最小风量		最大风量		Pa	W·h/m³
	m³/s	m³/h	m³/s	m³/h		
04	0.15	540	0.42	1 500	247	0.45
05	0.15	540	0.39	1 400	243	0.45
07	0.15	540	0.55	1 970	265	0.42
08	0.20	720	0.58	2 100	271	0.43
11	0.20	720	0.83	3 000	290	0.44
12	0.25	900	0.96	3 460	302	0.45
14	0.25	900	1.39	5 000	322	0.44
20	0.35	1 260	1.48	5 330	328	0.45
25	0.35	1 260	1.83	6 580	343	0.44
30	0.70	2 520	1.81	6 500	338	0.45
35	0.70	2 520	2.55	9 170	365	0.45
40	1.50	5 400	2.50	9 000	359	0.45
50	1.50	5 400	3.34	12 000	376	0.45
70	2.10	7 560	3.89	14 000	386	0.45

案例精选

项目名称： Marcel Hotel精品酒店

项目概况： 美国康涅狄格州纽黑文的Marcel Hotel是一家精品酒店，拥有165间客房、1间餐厅和9 000 m²的会议大厅。这座建筑的前身是马塞尔·布洛伊尔（Marcel Breuer）于1969年设计的办公和研究设施。项目建设时间是2023年，面积81 668 m²，建筑规划Becker + Becker，建筑技术规划Becker + Becker，建筑公司LN Consulting，空气处理机组来自Swegon的GOLD RX。

博凌绿风空气技术（江苏）有限公司厂区

博凌绿风非标定制新风系统，空调机组、热回收系统

白军林

博凌绿风空气技术（江苏）有限公司

　　博凌绿风空气技术（江苏）有限公司专注于空气技术研究，聚焦非标空调的研发和生产，借助德国TüV认证的专业空调设计软件，遵循EN1886、VDI6022、GB/T 14294-2008《组合式空调机组》、GB/T 19569-2004《洁净手术室用空气调节机组》、GB/T 10891-1989《空气处理机组安全要求》等规范和标准，凭借深厚的技术积累、强大的研发能力，按照用户个

性化需求设计、生产、安全可靠的空调设备，在医疗、制药、实验室、食品加工、芯片、光纤光缆、云计算中心、汽车制造、飞机制造、国防、军工、航空航天等各个领域得到广泛应用。

　　近几年，在被动房、绿色节能建筑领域推广应用，关注低能耗建筑、零碳建筑、健康建筑、第四代建筑，以及城市更新改造、别墅家装改造，并已经取得了一些业绩，如2010上海世博会德国汉堡之家，国内首个被动房、数字化展示项目；上海中鹰黑森林科技生态住宅；都市发展零碳建筑示范基地，太仓非标定制模块式新风空调机组，带热回收装置；上海中鹰黑森林科技生态住宅；江苏省吴江区太阳湖大花园；河北省行政中心定制化、智能化、模块式等空气处理系统；北京富力山别墅智能化、模块式等空气处理系统；北京雁栖湖生态发展示范区环境整治定向安置房10C-18-2#幼儿园项目智能化、模块式、高效热回收等空气处理系统。

非标订制空调机组，使用 EC 风机墙，噪音低、高效、节能，规格大小根据客户需求设计，适合在高品质住宅使用

◆ 物理参数

产品参数	非标定制，各项参数因项目而异
产品材质	不锈钢或镀锌钢（板壁材料）、岩面（保温板材）、优质钢材（风机电机）
性能指标	遵循 EN1886、VDI6022 等国际规范和标准，及 GB/T 14294—2008《组合式空调机组》、GB/T 19569—2004《洁净手术室用空气调节机组》、GB/T 10891—1989《空气处理机组安全要求》等国家规范和标准
产品优势	非标定制，为用户提供个性化方案和产品
产品认证	CRAA、TÜV 等

德国 TÜV 认证　　　　　　　　中国 CRAA 产品认证

项目名称：北京雁栖湖生态发展示范区环境整治定向安置房10C-18-2#幼儿园项目

项目概况：北京市首个超低能耗建筑，由北京北控城市开发有限公司建设，建筑面积3 414.3 m²，钢筋混凝土现浇框架结构，总投资约2 100万元。工程于2021年竣工投入使用，功能为全日制幼儿园。

项目采用高性能的围护结构保温、高性能三玻双空气层外窗、细致的无热桥节点处理、完整的建筑气密层、带高效热回收的新风系统，空气源热泵作为冷热源等技术手段，是北京雁栖湖生态发展示范区首个超低能耗建筑。

平面示意 KEY PLAN		
工程名称 PROJECT	北京雁栖湖生态发展示范区环境整治 定向安置房项目	
子 项 SUBPROJECT	10C-18-2#幼儿园	
设计号 PROJECT NO.	12274	子项号 SUBPROJ. NO.	10C-18
图 号 DWG. NO	设施-02	
比 例 SCALE		日 期 DATE	2018.04
图 名 TITLE	设计施工总说明	
设计主持人 DESIGN CHIEF	刘德 李健宇	
工种负责人 DISCIPLINE CHIEF	何海亮 刘维	
设计制图人 DRAFTING DESIGNER	侯昱晟	
校 对 CHECKED BY	刘 维	
审 核 VERIFIED BY	祝秀娟	
审 定 APPROVED BY	金 跃	
设计部门 DESIGN DEPT	绿色设计研究中心	

中国建筑设计院有限公司
CHINA ARCHITECTURE DESIGN GROUP

设计证书号：A111002193

项目名称：都市发展零碳建筑示范基地（太仓）

项目概况：位于江苏太仓，被动房及近零能耗建筑示范基地项目，是按照中国近零能耗建筑技术标准、德国被动房（PHI）认证标准及绿色建筑评价标准进行设计与建设的绿色低碳节能建筑。主要展示中国近零能耗建筑及德国被动房的前沿技术，以及高新技术的研发、运用、监测和运维。博凌绿风为该项目提供非标定制、模块式新风空调机组，带热回收装置。

江阴海达橡塑股份有限公司生产基地

海达建筑密封系统

赵本军

江阴海达橡塑股份有限公司

江阴海达橡塑股份有限公司以橡塑材料改性研发为核心，紧紧围绕密封、减振两大基本功能，致力于关键橡塑部件的研发、生产和销售，为全球客户提供密封、减振系统解决方案，产品广泛应用于轨道交通、建筑、汽车、航运等四大领域。公司为江苏省高新技术企业、国家火炬计划重点高新技术企业，于2012年6月在深圳证券交易所挂牌上市（股票简称：海达股份，股票代码：300320），为公司发展揭开了新的篇章。

公司以技术为先导，以密封带动减振，渐次进入各高端配套细分领域。坚持市场为先的理念，为客户提供更多产品和服务，发挥多领域技术融合优势，注重研发和生产具有耐久性、耐候性、耐介质、耐极端环境、阻燃、节能、环保、抗辐射、实时监测功能等特性的高端橡塑产品，努力成为关键橡塑部件研发"智造"的引领者。

◆ 物理参数

建筑门窗幕墙密封胶条是指在建筑门窗幕墙构件，如玻璃和压条、玻璃和扇、框与扇等结合部位上，能防止内外介质，如雨水、空气、灰尘等泄漏或侵入，同时能防止机械的震动带来的损伤，从而达到密封隔音隔热绝缘等作用的带状或棒状橡塑材料。

产品结构及特点

典型产品截面	产品结构	产品特点
	EPDM 海绵实芯复合	不同部位采用不同应力，使密封的效果达到更佳
	EPDM 膨胀实芯复合	遇水膨胀部分体积可膨胀 150% ~ 400%， 从而提高产品整体的密封性能
	EPDM 海绵实芯带线复合	可避免胶条在安装过程中的拉伸
	EPDM 切口，标线	安装时，转角处、转弯过渡角处不漏水，密封效果更佳； 胶条表面标记线在安装过程中起到防错作用
	EPDM-S	橡胶材质与聚硅氧烷结构胶相溶， 聚硅氧烷结构胶与胶条接触部位无发黄变色情况
	EPDM 阻燃	采用阻燃配方设计，产品点燃后离开 火源会自熄且低烟、低毒
	硅胶	具有优良的耐高温、耐严寒、耐臭氧、 耐天候老化、耐强紫外光等性能
	弹性体 （TPE）	产品不同的部位使用不同的材料，使效果达到最佳
	EPDM 光滑处理	产品表面光滑处理（涂层），明显减小与玻璃的摩擦力， 起到减震作用
	EPDM （浅色复合）	有一定的润滑作用，减少装配时的摩擦， 并起到一定的装饰效果

◆ 材料（三元乙丙橡胶）特性

（1）优异的低温性能：大多数硫化制品在 -50℃ 条件下还比较柔软，即在低温环境具有较好的弹性和较小的压缩永久变形，从而使其在寒冷地区不会因环境温度过低而降低密封性能，在寒冷地区的冬季施工更加容易。

（2）高填充性：三元乙丙橡胶比其他任何橡胶的填充性都要高很多，可实现在不降低性能的基础上降低成本。

（3）密度小：三元乙丙橡胶是合成橡胶中比重较轻的橡胶，所以其成品也具有较轻的比重，这点也决定了其具有广泛的应用前景。

（4）抗臭氧、耐紫外线、耐天候性和耐老化性优异，居通用橡胶之首。电绝缘性、耐化学性、冲击弹性很好，耐酸碱，比重小，耐热可达150℃，耐酮、酯等极性溶剂，具有优异的物理机械性能和较小的压缩永久变形。

◆ 防水透汽膜与防水隔汽膜

（1）防水透汽膜：是室外专用密封防水雨布，可作为窗、门与墙体接缝室外侧的防水密封材料。具有让水蒸气扩散渗透的功能。

（2）防水隔汽膜：是室内专用密封防水雨布，适用于窗、门与墙体接缝室内侧的防水密封材料。该产品有效地使内部环境与外界环境隔绝。

执行标准：GB/T 24498—2009《建筑门窗、幕墙用密封胶条》、DIN7863《建筑密封条》。

适用范围：建筑门窗、幕墙。

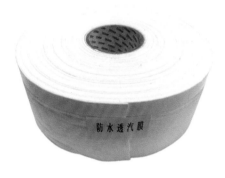

防水透汽膜

防水隔汽膜

案例精选

项目名称： 上海中心大厦

项目概况： 项目工程占地面积30 370m²，建筑高度632m，结构高度565.6m，总建筑面积558 806m²。截至2024年，上海中心大厦被称作是"中国第一高楼"。该项目采用江阴海达橡塑股份有限公司生产的三元乙丙密封胶条，使其密封防水性能与隔音降噪性能得到保证。

项目名称： 王国塔

项目概况： 位于红海之滨的沙特阿拉伯吉达市北部，是沙特乃至中东的新地标，其设计高度达1 007m，地上251层，地下3层，总建筑面积为53万m²，耗资12亿美元，完工后将远远超越838m的迪拜哈利法塔，成为全球最高建筑。该项目采用江阴海达橡塑股份有限公司生产的三元乙丙密封胶条，以提高其防水密封性、防尘防风性与整体安全性。

天津市美德宝科技有限公司办公大楼　　天津市美德宝科技有限公司厂区

博瑞思防水透汽膜隔汽膜

王　翠

天津市美德宝科技有限公司

　　天津市美德宝科技有限公司是坐落于京津冀、环渤海经济圈中心地带，以科研为基础、节能为核心的高新技术企业。

　　公司专业化生产的防水透汽膜、隔汽膜、阻隔膜、呼吸纸、防水卷材等系列产品，顺利通过国家建材检测中心检测和欧洲CE认证。引进德国先进的控制系统，生产车间采用全封闭洁净空气正压系统设计、自主生产研发的博瑞思™系列产品，覆盖全国各省、直辖市和自治区，并出口欧洲、北美、东南亚等多个国家和地区，广泛应用于幕墙、钢结构、木结构、别墅等节能保温的大型建筑领域。

　　在倡导节能环保的今天，公司以严谨务实、不断进取、精益求精的精神，着力打造更加优质、环保、节能的绿色建材，以一流的生产技术、卓越的品质、完善的服务、快速及时的物流系统服务客户。真诚欢迎国内外客户来美德宝公司考察、指导、洽谈。

产品介绍

◆ 美德宝被动式门窗防水透汽膜

　　是柔软的高强度、高韧性专用防水雨布，使用灵活，安装方便，且其独特的防水透汽性可以使建筑的节能性、耐久性和舒适性得到很好的改善。公司可提供涂胶型和自粘型两种产品。

防水透汽膜与防水隔汽膜

◆ 美德宝被动式门窗防水隔汽膜

采用一线品牌原材料精细加工而成。多层复合结构，质地柔韧，可抹灰，抗老化，耐腐蚀。产品一侧自带超高黏性不干胶，用于黏结窗框，另一侧需要使用专用胶粘剂黏结到墙体，确保接缝处良好的气密性和长期防水稳定性。公司可提供涂胶型和自粘型两种产品。

◆ 物理参数

产品物理参数

产品名称	宽度	长度	颜色	材质
美德宝防水透汽膜自粘/胶粘	可根据客户要求定制	50 m/卷	白色	膜材
美德宝防水隔汽膜自粘/胶粘	可根据客户要求定制	50 m/卷	红色	膜材

◆ 性能指标

产品性能指标

技术数据	防水透汽膜	防水隔汽膜	标准
防暴雨性能	1 050 Pa 时，无渗漏	1 050 Pa 时，无渗漏	DIN EN1027
空气渗透系数 [/m³·(h·m)⁻¹·(dapa)n]	a < 0.1	A < 0.1	DIN EN12114
材料稳定温度范围（℃）	−40 ~ 80	−40 ~ 8	—
sd 值（m）	约 0.5	约 39	DIN EN ISO12572
在 −23℃时的柔韧性	无破损无撕裂	无破损无撕裂	—
防火性能	E	E	DIN EN 13501
UV 稳定性（月）	3	3	—
导热系数 /W·(m·K)⁻¹	—	—	DIN EN12667
储存温度（℃）	1~20	1~20	—

案例精选

项目名称：上海三林滨江南片区新建工程

项目概况：位于上海市浦东新区三林镇，占地面积407 801.62 m²，使用被动式门窗防水透汽膜，被动式门窗隔汽膜。

大连市建筑工程质量检测中心办公大楼

近零能耗建筑测评机构

葛瑞海　袁耀明

大连市建筑工程质量检测中心有限公司

　　大连市建筑工程质量检测中心有限公司于2009年注册成立，其前身为始建于1985年的大连市建筑工程质量检测中心，是专业从事建设工程领域检测服务的第三方机构，目前拥有中国合格评定国家认可委员会颁发的实验室认可证书和检验机构认可证书（CNAS）、检验检测机构资质认定（CMA）证书、建设工程质量检测机构资质证书、中国建筑节能协会第三方近零能耗建筑测评机构等多项资质。

　　公司的检测检验能力覆盖近零能耗建筑检测评价、绿色建筑检测评价、建筑节能检测、室内环境检测、智能建筑工程、混凝土结构及金属结构用材料、道桥材料、墙体材料、装饰装修材料、防水材料、胶黏剂、建筑门窗、管网材料、电气材料、保温系统组成材料、主体结构、地基与基础、道路工程、环境监测、特种设备无损检测、水利工程检测、雷电防护装置检测、建筑消防设施检测。

◆ 近零能耗建筑测评

近零能耗建筑检测，包括建筑气密性检测、热回收新风机组换热效率检测、建筑外围护结构热工缺陷检测、室内环境参数检测（室内温度、湿度、新风量、室内PM2.5含量、室内噪声、热桥部位内表面温度）、能源系统调适、可再生能源系统测评等。

近零能耗建筑测评，由中国建筑节能协会第三方近零能耗建筑测评机构进行。

建筑气密性现场检测

热回收新风机组换热效率现场检测

◆ 绿色建筑检测

土壤氡浓度检测、室内噪声级检测、房间之间空气声隔声性能检测、楼板撞击声隔声性能检测等。

◆ 建筑节能检测

节能材料和产品检测，保温系统组成材料、门窗、幕墙、玻璃、风机盘管、散热器、照明灯具等。

建筑保温和装修材料燃烧性能检测。

外墙外保温系统现场检测鉴定。

采暖、通风与空调系统节能性能检测。

照明系统节能性能检测。

可再生能源系统性能测评。

◆ 建筑环境检测

室内污染物检测，包括苯、甲苯、二甲苯、TVOC、甲醛、氨、氡、CO_2、PM10、PM2.5等。

声环境检测，包括场地环境噪声、室内噪声级等。

室内热湿环境检测，包括温度、湿度。

室内光环境检测，包括照度、采光系数等。

◆ 建筑幕墙检测鉴定

幕墙系统材料检测。

幕墙工程现场检测、鉴定。

1. 大连市传染病医院扩建项目综合服务楼建筑气密性检测、热回收新风机组换热效率检测、室内噪声级检测、房间之间空气声隔声现场检测、楼板撞击声隔声现场检测。

2. 恒隆广场空调系统、照明系统节能性能检测。

3. 大连国际会议中心建筑节能、建筑智能化、室内环境检测。

4. 维多利亚广场、公馆建筑节能、建筑智能化、室内环境检测。

5. 大连中心裕景项目建筑节能检测等。

大连市传染病医院扩建项目综合服务楼

主要工程业绩

SY-iFM 赛扬建筑运维管理系统

杨　靖

上海赛扬建筑科技有限公司

上海赛扬建筑科技有限公司的前身上海赛扬建筑工程技术公司成立于2001年10月，主要从事机电设计顾问、BIM顾问、内装深化设计、内装工程管理、运维管理平台（SY-iFM）、AI能耗分析、建筑运维碳排放管理等业务。

赛扬公司自成立以来，秉承着"为社会和自然环境做贡献"的信念，与国内外知名高校及专家合作，在建筑低碳节能、碳中和、BIM+AI技术、BIM+FM、建筑IOT技术等领域均投入了大量研究及开发。在实施建筑机电行业项目中累积了丰富经验，加深了对行业的认识，打造出具有自主知识产权的建筑运维平台

"SY-iFM"，助力建筑设施数字化发展的同时大幅降低运营管理成本。"SY-iFM"平台投入市场以来，广受国内外行业好评。

◆ 物理参数

SY-iFM是基于BIM、AI及低碳算法等技术，针对从建筑到设备运维管理的综合性数字化平台。主要功能包括三维浏览、实时监测、设备管理、空间管理、日常运维、报警管理、安防管理、能耗管理、综合管理等。其中AI能耗分析及建筑全生命周期碳排放管理是SY-iFM平台核心功能。

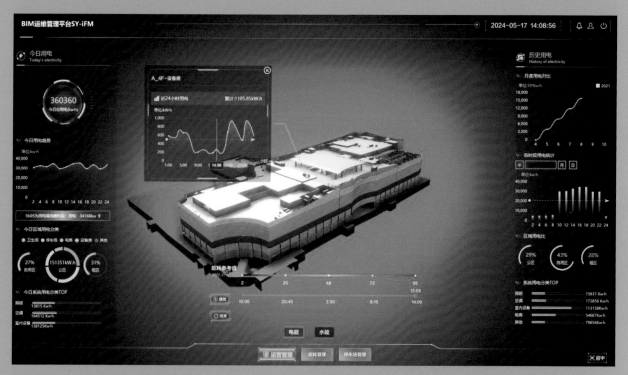

BIM 运维管理平台 SY-iFM 用电分析

◆ 人工智能（AI）能耗分析

人工智能（AI）在能源消耗分析方面，提供了一种强大的工具，通过空间维度、设备维度和适应性控制分级进行精确的能耗分析，可以了解能源的使用情况，找出节能潜力，从而降低能源消耗。

◆ 能耗分析

（1）准确性提高：AI能耗分析可以利用Big Data和机器学习，提供比传统方法更准确的能耗预测。

（2）自动化：AI能耗分析可以自动化能耗管理任务，例如设备控制和优化设置。

（3）优化能量使用：AI能耗分析可以识别节能潜力，并根据实时的需求调整能源使用。

（4）成本降低：AI能耗分析可以降低能源成本，提高生产力，并减少环境影响。

AI能耗分析提供了一种强大的工具，用于提高能源效率，降低能源消耗。通过空间维度、设备维度和适应性控制分级，AI能耗分析可以提供精确的能耗分析，帮助企业降低能源成本，提高能源可持续性。

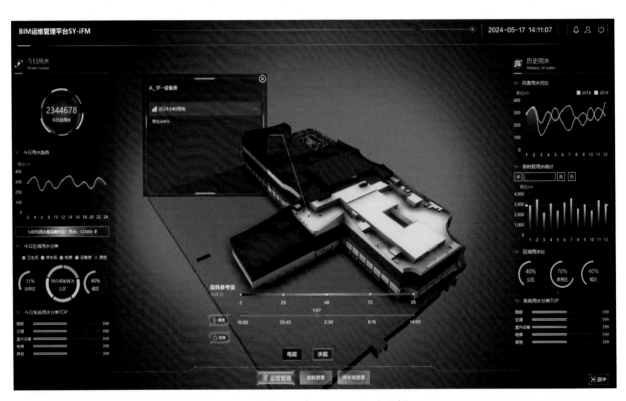

BIM 运维管理平台 SY-iFM 用水分析

◆ 运维阶段碳排放量检测和管理优化

运维阶段碳排放量是指在运维过程中产生的碳排放量。降低运维阶段的碳排放量，可以降低环境影响，提高能源利用效率，并降低成本。

◆ 运维阶段碳排放量的检测

（1）传感器网络：安装传感器，收集设备使用数据，例如电力、水力、燃料和气体使用量。

（2）数据分析：使用AI和数据挖掘技术，根据传感器数据，识别碳排放量的来源和贡献因素。

（3）模型预测：基于历史数据和模型预

测，估计未来的碳排放量。

◆ **运维阶段碳排放量优化**

（1）实施最佳实践：采用最佳运维实践，例如改进维护、故障排除和资产管理。

（2）运维工具：使用SY-iFM提高运维效率，降低碳排放量。

通过检测、管理和优化，可以最大限度地降低运维阶段的碳排放量，实现节能减排的目的。通过利用AI和其他先进技术，可以提高运维效率，降低成本，并减轻环境影响。

案例精选

2022年7月，赛扬建筑协同日本著名大型建设集团公司及物业管理公司，共同参与了日本国土交通省的BIM-FM应用研究项目，并正式中标。这是对赛扬建筑多年在BIM应用领域深耕的认可，也给赛扬建筑带来了新的机遇和挑战。

润宏图建筑工程施工图审查机构

周冯倩赟　姚月兰

新疆润宏图工程技术咨询有限责任公司的前身是塔城地区建筑工程施工图审查中心，成立于2002年，是经建设部批准，具有二类施工图审查资质、拥有独立法人的有限责任公司，承接新疆维吾尔自治区全域、主要承担塔城地区四县三市房屋建筑及市政工程的施工图审查任务，自2021年起，开始承接新疆生产建设兵团系统的建设工程施工图审查工作。

公司专家库里有专家74名，其中，一级注册建筑师2人，一级注册结构师2人，二级注册建筑师8人，二级注册结构师7人，注册电气工程师2人，注册暖通工程师2人，注册岩土工程师2人，高级工程师16人。实施动态管理的方式随时更新专家库，对优秀的勘察设计人员及时予以吸纳，不断壮大施工图审查队伍，确保公司专家库人员技术水平及工作质量。

与建设单位负责人员对接乡村建设项目资料

与建设单位负责人员讨论乡村建设项目资料

与建设单位、专家组成员对接建设项目审图工作流程

与建设单位、专家组成员讨论建设项目审图工作流程

组织专家对建设项目进行审图工作学习、探讨

组织专家对工程建设项目进行会审、讨论

为确保服务经济发展绿色通道畅通，公司对重点工程项目的送审做到特事特办，分轻重缓急、统筹安排。除特殊项目外，全部实施数字化审查，实现了异地同步、无纸一体化办公、"甲方最多跑一次"。同时狠抓审查质量管理，对勘察设计质量严格把关。未来将积极探索工程项目多图联审工作，加快将绿色建筑、消防、防雷、人防审查全面纳入建筑工程施工图设计文件审查工作，加强服务窗口建设，为建设单位提供热情周到的服务。

近年部分业绩

审查"塔城市中天世纪城住宅建设项目施工图"；

审查"塔城市万象明珠小区建设项目施工图"；

审查"塔城市江海国际住宅小区施工图"；

审查"新疆鸿旭浩瑞工业有限公司15万t/年煤焦油深加工项目施工图"；

审查"乌苏工业园区一般工业固废填埋场工程项目施工图"；

审查"华电新疆乌苏能源有限公司入厂煤智能制样系统建设项目施工图"；

审查"新疆帅科煤化有限公司年产60万t干全焦项目备品加工车间建设项目施工图"。

塔城市中天世纪城住宅群

塔城市万象明珠小区住宅群